国家出版基金资助项目

现代数学中的著名定理纵横谈丛书

丛书主编　王梓坤

Steinhaus Problems

Steinhaus问题

刘培杰数学工作室 编著

内容简介

本书是从一道二十五省市自治区中学数学竞赛试题谈起，进而介绍了斯坦因豪斯问题. 本书共有三章，第 1 章斯坦因豪斯问题简介，第 2 章保守系统中的弹子球流，第 3 章变分法、扭转映射和闭测地线.

本书适合大、中学师生及数学爱好者阅读及收藏.

图书在版编目(CIP)数据

Steinhaus 问题/刘培杰数学工作室编著. —哈尔滨：哈尔滨工业大学出版社，2017.5
(现代数学中的著名定理纵横谈丛书)
ISBN 978－7－5603－6214－4

Ⅰ. ①S… Ⅱ. ①刘… Ⅲ. ①巴拿赫－斯坦因豪斯定理－研究 Ⅳ. ①O1

中国版本图书馆 CIP 数据核字(2016)第 232051 号

策划编辑　刘培杰　张永芹
责任编辑　张永芹　钱辰琛
封面设计　孙茵艾
出版发行　哈尔滨工业大学出版社
社　　址　哈尔滨市南岗区复华四道街 10 号　邮编 150006
传　　真　0451－86414749
网　　址　http://hitpress.hit.edu.cn
印　　刷　牡丹江邮电印务有限公司
开　　本　787mm×960mm　1/16　印张 12　字数 128 千字
版　　次　2017 年 5 月第 1 版　2017 年 5 月第 1 次印刷
书　　号　ISBN 978－7－5603－6214－4
定　　价　88.00 元

⊙代序

读书的乐趣

你最喜爱什么——书籍.

你经常去哪里——书店.

你最大的乐趣是什么——读书.

这是友人提出的问题和我的回答.真的,我这一辈子算是和书籍,特别是好书结下了不解之缘.有人说,读书要费那么大的劲,又发不了财,读它做什么?我却至今不悔,不仅不悔,反而情趣越来越浓.想当年,我也曾爱打球,也曾爱下棋,对操琴也有兴趣,还登台伴奏过.但后来却都一一断交,"终身不复鼓琴".那原因便是怕花费时间,玩物丧志,误了我的大事——求学.这当然过激了一些.剩下来唯有读书一事,自幼至今,无日少废,谓之书痴也可,谓之书橱也可,管它呢,人各有志,不可相强.我的一生大志,便是教书,而当教师,不多读书是不行的.

读好书是一种乐趣,一种情操;一种向全世界古往今来的伟人和名人求教的方法，一种和他们展开讨论的方式；一封出席各种活动、体验各种生活、结识各种人物的邀请信；一张迈进科学宫殿和未知世界的入场券；一股改造自己、丰富自己的强大力量.书籍是全人类有史以来共同创造的财富，是永不枯竭的智慧的源泉.失意时读书，可以使人重整旗鼓；得意时读书，可以使人头脑清醒；疑难时读书，可以得到解答或启示；年轻人读书，可明奋进之道；年老人读书，能知健神之理.浩浩乎！洋洋乎！如临大海，或波涛汹涌，或清风微拂，取之不尽，用之不竭.吾于读书，无疑义矣，三日不读，则头脑麻木，心摇摇无主.

潜能需要激发

我和书籍结缘，开始于一次非常偶然的机会.大概是八九岁吧，家里穷得揭不开锅，我每天从早到晚都要去田园里帮工.一天，偶然从旧木柜阴湿的角落里，找到一本蜡光纸的小书，自然很破了.屋内光线暗淡，又是黄昏时分，只好拿到大门外去看.封面已经脱落，扉页上写的是《薛仁贵征东》.管它呢，且往下看.第一回的标题已忘记，只是那首开卷诗不知为什么至今仍记忆犹新：

日出遥遥一点红，飘飘四海影无踪.

三岁孩童千两价，保主跨海去征东.

第一句指山东，二、三两句分别点出薛仁贵（雪、人贵）.那时识字很少，半看半猜，居然引起了我极大的兴趣，同时也教我认识了许多生字.这是我有生以来独立看的第一本书.尝到甜头以后，我便千方百计去找书，向小朋友借，到亲友家找，居然断断续续看了《薛丁山征西》《彭公案》《二度梅》等，樊梨花便成了我心中的女英雄.我真入迷了.从此,放牛也罢,车水也罢,我总要带一本书,还练出了边走田间小路边读书的本领,读得津津有味,不知人间别有他事.

当我们安静下来回想往事时,往往会发现一些偶然的小事却影响了自己的一生.如果不是找到那本《薛仁贵征东》,我的好学心也许激发不起来.我这一生,也许会走另一条路.人的潜能,好比一座汽油库,星星之火,可以使它雷声隆隆、光照天地;但若少了这粒火星,它便会成为一潭死水,永归沉寂.

抄,总抄得起

好不容易上了中学,做完功课还有点时间,便常光顾图书馆.好书借了实在舍不得还,但买不到也买不起,便下决心动手抄书.抄,总抄得起.我抄过林语堂写的《高级英文法》,抄过英文的《英文典大全》,还抄过《孙子兵法》,这本书实在爱得狠了,竟一口气抄了两份.人们虽知抄书之苦,未知抄书之益,抄完毫末俱见,一览无余,胜读十遍.

始于精于一,返于精于博

关于康有为的教学法,他的弟子梁启超说:"康先生之教,专标专精、涉猎二条,无专精则不能成,无涉猎则不能通也."可见康有为强烈要求学生把专精和广博(即"涉猎")相结合.

在先后次序上,我认为要从精于一开始.首先应集中精力学好专业,并在专业的科研中做出成绩,然后逐步扩大领域,力求多方面的精.年轻时,我曾精读杜布(J. L. Doob)的《随机过程论》,哈尔莫斯(P. R. Halmos)的《测度论》等世界数学名著,使我终身受益.简言之,即"始于精于一,返于精于博".正如中国革命一样,必须先有一块根据地,站稳后再开创几块,最后连成一片.

丰富我文采,澡雪我精神

辛苦了一周,人相当疲劳了,每到星期六,我便到旧书店走走,这已成为生活中的一部分,多年如此.一次,偶然看到一套《纲鉴易知录》,编者之一便是选编《古文观止》的吴楚材.这部书提纲挈领地讲中国历史,上自盘古氏,直到明末,记事简明,文字古雅,又富于故事性,便把这部书从头到尾读了一遍.从此启发了我读史书的兴趣.

我爱读中国的古典小说,例如《三国演义》和《东周列国志》.我常对人说,这两部书简直是世界上政治阴谋诡计大全.即以近年来极时髦的人质问题(伊朗人质、劫机人质等),这些书中早就有了,秦始皇的父亲便是受害者,堪称"人质之父".

《庄子》超尘绝俗,不屑于名利.其中"秋水""解牛"诸篇,诚绝唱也.《论语》束身严谨,勇于面世,"己所不欲,勿施于人",有长者之风.司马迁的《报任少卿书》,读之我心两伤,既伤少卿,又伤司马;我不知道少卿是否收到这封信,希望有人做点研究.我也爱读鲁迅的杂文,果戈理、梅里美的小说.我非常敬重文天祥、秋瑾的人品,常记他们的诗句:"人生自古谁无死,留取丹心照汗青""休言女子非英物,夜夜龙泉壁上鸣".唐诗、宋词、《西厢记》《牡丹亭》,丰富我文采,澡雪我精神,其中精粹,实是人间神品.

读了邓拓的《燕山夜话》,既叹服其广博,也使我动了写《科学发现纵横谈》的心.不料这本小册子竟给我招来了上千封鼓励信.以后人们便写出了许许多多的“纵横谈”.

从学生时代起,我就喜读方法论方面的论著.我想,做什么事情都要讲究方法,追求效率、效果和效益,方法好能事半而功倍.我很留心一些著名科学家、文学家写的心得体会和经验.我曾惊讶为什么巴尔扎克在51年短短的一生中能写出上百本书,并从他的传记中去寻找答案.文史哲和科学的海洋无边无际,先哲们的明智之光沐浴着人们的心灵,我衷心感谢他们的恩惠.

读书的另一面

以上我谈了读书的好处,现在要回过头来说说事情的另一面.

读书要选择.世上有各种各样的书:有的不值一看,有的只值看20分钟,有的可看5年,有的可保存一辈子,有的将永远不朽.即使是不朽的超级名著,由于我们的精力与时间有限,也必须加以选择.决不要看坏书,对一般书,要学会速读.

读书要多思考.应该想想,作者说得对吗?完全吗?适合今天的情况吗?从书本中迅速获得效果的好办法是有的放矢地读书,带着问题去读,或偏重某一方面去读.这时我们的思维处于主动寻找的地位,就像猎人追找猎物一样主动,很快就能找到答案,或者发现书中的问题.

有的书浏览即止,有的要读出声来,有的要心头记住,有的要笔头记录.对重要的专业书或名著,要勤做笔记,“不动笔墨不读书”.动脑加动手,手脑并用,既可加深理解,又可避忘备查,特别是自己的灵感,更要及时抓住.清代章学诚在《文史通义》中说:“札记之功必不可少,如不札记,则无穷妙绪如雨珠落大海矣.”

许多大事业、大作品,都是长期积累和短期突击相结合的产物.涓涓不息,将成江河;无此涓涓,何来江河?

爱好读书是许多伟人的共同特性,不仅学者专家如此,一些大政治家、大军事家也如此.曹操、康熙、拿破仑、毛泽东都是手不释卷,嗜书如命的人.他们的巨大成就与毕生刻苦自学密切相关.

王梓坤

目录

引言

马丁·加德纳(Martin Gardner)曾指出:“初学者解决一个巧题时得到了快乐,数学家掌握了更先进的问题时也得到了快乐,在这两种快乐之间并没有很大的区别.二者都欣赏美丽动人之处,即支承着所有结构的那种匀称的、定义分明的、神秘的和迷人的秩序.”所以我们更希望找到那样一类问题,初学者和数学家都感兴趣的问题.也就是说要有一个舞台,使得二者可以同台竞技.

陈省身先生曾表达过一个意思是说:在中国,如果什么事与吃建立不起来联系,那它就没希望.同理在数学中,如果与高考题没联系,那就一定少有人关注.所以我们以2012年全国卷大纲版高考数学理科试题第12题为例.

题目 正方形 $ABCD$ 的边长为1,点 E 在边 AB 上,点 F 在边 BC 上,$AE=BF=\frac{3}{7}$.动点 P 从 E 出发沿直线向 F 运动,每当碰到正方形的边时反弹,反弹时反射角等于入射角. 当点 P 第一次碰到 E 时, P 与正方形的边碰撞的次数为　　　　　　　　　　　　　　　（　　）

A. 16　　　B. 14　　　C. 12　　　D. 10

解　结合已知条件中的点 E, F 的位置进行作图(图 1). 由平行线的判定定理可得, 在反射的过程中, 分别有两组直线是平行的. 因此利用平行关系, 可得当点 P 第一次碰到 E 时, 需要碰撞的次数为 14 次. 故选 B.

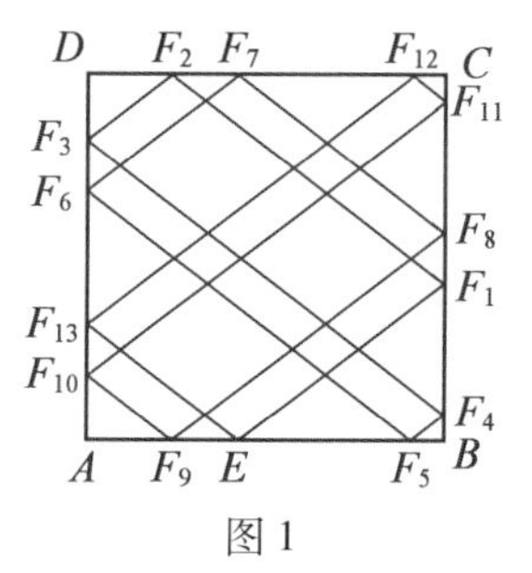

图 1

点评　本试题主要考查反射原理与三角形相似的应用. 若采用传统方法求解, 则需要建立平面直角坐标系, 如图 2, 易知点 $E\left(\frac{3}{7},0\right)$. 记点 F 为 F_1, 则由入射角等于反射角可得三角形相似. 再由相似求出点 P 碰撞后的落点位置分别为 $F_1\left(1,\frac{3}{7}\right)$, $F_2\left(\frac{5}{7\times3},1\right)$, $F_3\left(0,\frac{23}{7\times4}\right)$, $F_4\left(1,\frac{2}{7\times4}\right)$, $F_5\left(\frac{19}{7\times3},0\right)$, $F_6\left(0,\frac{19}{7\times3}\right)$, $F_7\left(\frac{3}{7},1\right)$. 再由对称性可知, 点 P 与正方形的边共碰撞 14 次, 可第一次回到点 E. 而此种解法, 计算量大而繁杂, 在时间紧、题量多、气氛浓烈的高考考试现场是不太容易算出来的.

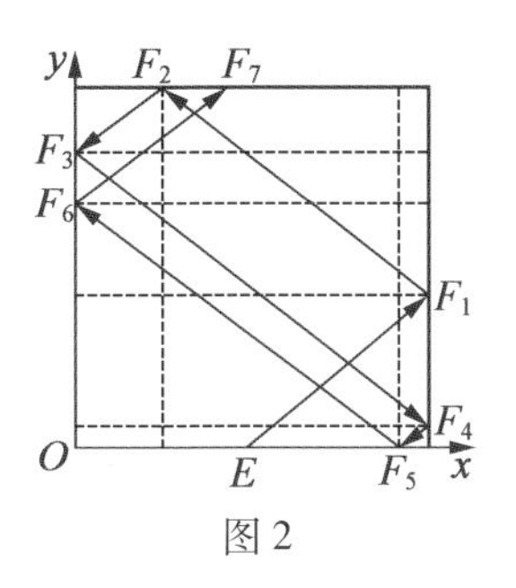

图 2

在 2013 年第 7 期《中学数学月刊》上，江苏省徐州市第三十五中学的顾玉石和江苏省徐州市第一中学的王慧两位老师给出了另一种解法：如图 3 所示，因为在反射时，反射角等于入射角，所以$\angle EFB=\angle GFC$.

又$\tan\angle EFB=\dfrac{1-\frac{3}{7}}{\frac{3}{7}}=\dfrac{4}{3}$，所以$\tan\angle GFC=\dfrac{4}{3}$.

又$\tan\angle GFC=\dfrac{CG}{CF}$，所以$CG=\dfrac{16}{21}$.

从此以后，小球的反射线必与EF或FG平行.

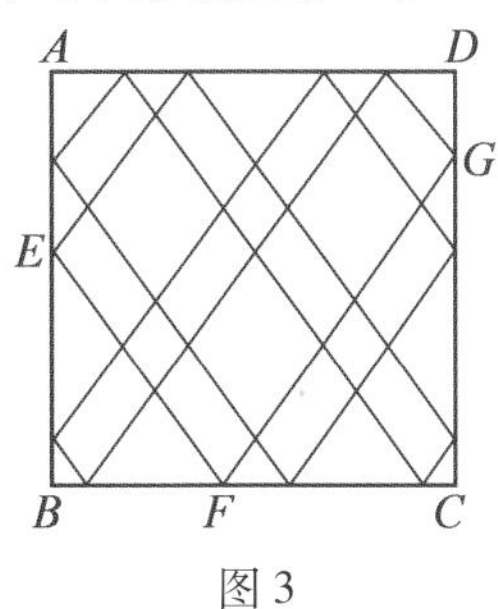

图 3

由图 3 可知，P与正方形的边碰撞的次数为 14. 故选 B.

这样的解法对于 $AE=BF=\frac{3}{7}$ 时已经比较烦琐了,其他的情形时又如何呢?如何能解决更一般的问题呢?他们将其推广并利用另一种方法——解析几何法来证明.

推广 正方形 $ABCD$ 的边长为 1,点 E 在边 AB 上,点 F 在边 BC 上,$AE:EB=BF:FC=\lambda:\mu$(其中 $\lambda,\mu\in\mathbf{N}^*$,且 λ,μ 互质).动点 P 从 E 出发沿直线向 F 运动,每当碰到正方形的边时反弹,反弹时反射角等于入射角.当点 P 第一次碰到 E 时,P 与正方形的边碰撞了 $2(\lambda+\mu)$ 次.

证明 因为在反射时,反射角等于入射角,所以 $\angle EFB=\angle GFC$.

又 $\tan\angle EFB=\frac{\mu}{\lambda}$,所以 $\tan\angle GFC=\frac{\mu}{\lambda}$.

当小球从点 F 反弹时,我们把正方形 $ABCD$ 沿着 CD 进行翻折,让小球反射时,穿过 CD,并且一直这样操作下去.让反射线沿着正方形的边 BC 和 AD 所在的直线进行反射.于是可以将一个正方形中的来回反射的问题转化为在多个正方形中穿过的问题.小球反弹时,其轨迹所在的直线必与 EF 或 FG 平行.

以点 B 为坐标原点,以 BC 所在直线为 x 轴,以 BA 所在直线为 y 轴,建立平面直角坐标系,如图 4.

直线 BC 和 AD 所在直线的方程分别为 $y=0$ 和 $y=1$.

与 AB 平行的直线方程为 $x=k$,其中 $k\in\mathbf{N}^*$.

平行于直线 EF,FG 的两组反射直线分别记为

l_{2n-1}, l_{2n}(其中 $n \in \mathbf{N}^*$),则 l_{2n-1}, l_{2n} 的斜率分别为 $-\frac{\mu}{\lambda}, \frac{\mu}{\lambda}$.

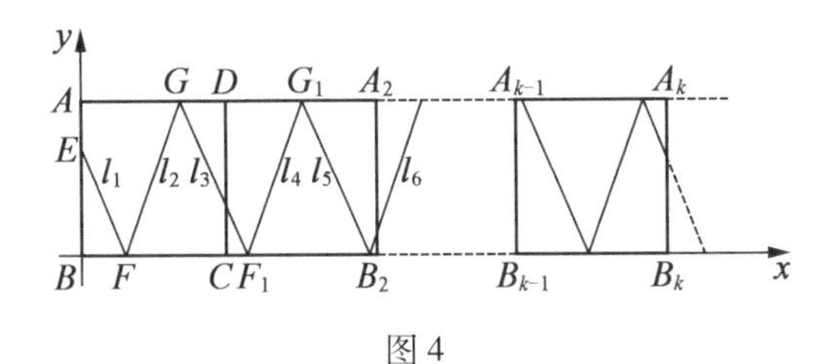

图 4

第 $2n-1$ 条反射线所在的直线方程为

$$y=-\frac{\mu}{\lambda}\left\{x-\left[2(n-1)\frac{\lambda}{\mu}+\frac{\lambda}{\lambda+\mu}\right]\right\}$$

第 $2n$ 条反射线所在的直线方程为

$$y=\frac{\mu}{\lambda}\left\{x-\left[2(n-1)\frac{\lambda}{\mu}+\frac{\lambda}{\lambda+\mu}\right]\right\}$$

要使小球第一次回到点 E,只要使反射线与直线 $x=k$ 的交点纵坐标第一次为 $\frac{\mu}{\lambda+\mu}$. 要求小球第一次回到点 E 的过程中,和正方形的边一共碰撞了多少次,只要求反射线与 x 轴、直线 $y=1$ 及 $x=k$(由对称性知,$k=2m, m \in \mathbf{N}^*$)一共有多少个交点.

当反射线与直线 $x=k$ $(k \in \mathbf{N}^*)$ 交于点 $\left(k, \frac{\mu}{\lambda+\mu}\right)$ 时,可得

$$-\frac{\mu}{\lambda}\left\{k-\left[2(n-1)\frac{\lambda}{\mu}+\frac{\lambda}{\lambda+\mu}\right]\right\}=\frac{\mu}{\lambda+\mu}$$

或

$$\frac{\mu}{\lambda}\left\{k-\left[2(n-1)\frac{\lambda}{\mu}+\frac{\lambda}{\lambda+\mu}\right]\right\}=\frac{\mu}{\lambda+\mu}$$

解得 $k=2(n-1)\frac{\lambda}{\mu}$,或 $k=\frac{2\lambda}{\lambda+\mu}+2(n-1)\frac{\lambda}{\mu}$.

由 λ,μ 互质,且 $k,n\in\mathbf{N}^*$,知 $k=\frac{2\lambda}{\lambda+\mu}+2(n-1)\cdot\frac{\lambda}{\mu}$不成立.

因此 $k=2(n-1)\frac{\lambda}{\mu}(k=2m,m\in\mathbf{N}^*)$,所以 $\mu\mid(n-1)$,$2\lambda\mid k$.

要使点 P 第一次碰到 E,所以 $\mu=n-1$,$k=2\lambda$.

又 $FF_1=\frac{2\lambda}{\mu}$,所以与 x 轴的交点个数为$\frac{k}{2\lambda}=\frac{\mu k}{2\lambda}=\mu$ 个,即与正方形的边 BC 所在直线共碰撞 μ 次.

由对称性知,和正方形的边 DA 共碰撞 μ 次.

小球运动轨迹与垂直于 x 轴的直线 $x=k(k\in\mathbf{N}^*)$的交点个数为 k 个,即 2λ 个,所以小球与 AB 和 CD 共碰撞 2λ 次.

因此,当点 P 第一次碰到 E 时,需要与正方形的边共碰撞 $\mu+\mu+2\lambda=2(\lambda+\mu)$次.

教育家布鲁纳曾说过:“探索是数学的生命线.”新一轮课程实验的《义务教育数学课程标准》明确指出:在数学教学中开展探究和研究性学习,要培养学生的探索精神和创新能力.但是,如何开展探究,研究性学习的素材从何而来,创新意识和能力可以通过怎样的途径和方式进行培养,都是我们关注的问题.浙江省湖州中学的盛耀建老师认为,结合日常的教学,选取教学中有价值的问题,加以有意识的引导、深化推广,是一种便捷方式.

他曾利用作业中的一个问题,引导学生进行研究、探讨,对此问题有了进一步的认识,也使学生经历了研究问题的过程.

§1　问题起源

题目　正方形 $ABCD$ 的边长为 1,点 E 在边 AB 上,点 F 在边 BC 上,$AE=BF=\frac{3}{7}$. 动点 P 从 E 出发沿直线向 F 运动,每当碰到正方形的边时反弹,反弹时反射角等于入射角. 求当动点 P 第一次碰到 E 时,P 与正方形的边碰撞的次数.

这是作业本中的一个题目(《浙江省普通高中作业本 2014 升级版数学必修 2》第 55 页第 11 题). 在作业中,有不少学生得出了正确答案为 14,其中有两种解法比较典型.

解法 1　作图(图 5),根据所作图形或“精确”或“粗略”地数出当动点 P 第一次碰到 E 时,P 与正方形的边的碰撞次数为 14 次. 多数学生采用了这种解法.

解法 2　严格计算,根据图形建立平面直角坐标系(图 6),易知 $E\left(0,\frac{4}{7}\right)$,$F\left(\frac{3}{7},0\right)$. 记点 P 与正方形的边碰撞的点依次为 $F,F_1,F_2,\cdots$,则直线 FF_1 的方程为$y=\frac{4}{3}x-\frac{4}{7}$,解得 $F_1\left(1,\frac{16}{21}\right)$,从而可求得直线 F_1F_2 的方程为 $y=-\frac{4}{3}x+\frac{44}{21}$,继而解得 $F_2\left(\frac{23}{28},1\right)$,依此类

推可解得 $F_3\left(\frac{1}{14},0\right)$, $F_4\left(0,\frac{2}{21}\right)$, $F_5\left(\frac{19}{28},1\right)$, $F_6\left(1,\frac{4}{7}\right)$, $F_7\left(\frac{4}{7},0\right)$, $F_8\left(0,\frac{16}{21}\right)$, $F_9\left(\frac{5}{28},1\right)$, $F_{10}\left(\frac{13}{14},0\right)$, $F_{11}\left(1,\frac{2}{21}\right)$, $F_{12}\left(\frac{9}{28},1\right)$, $F_{13}\left(0,\frac{4}{7}\right)$, 故 F_{13} 与 E 重合，所以当动点 P 第一次碰到 E 时，P 与正方形的边的碰撞次数为 14.

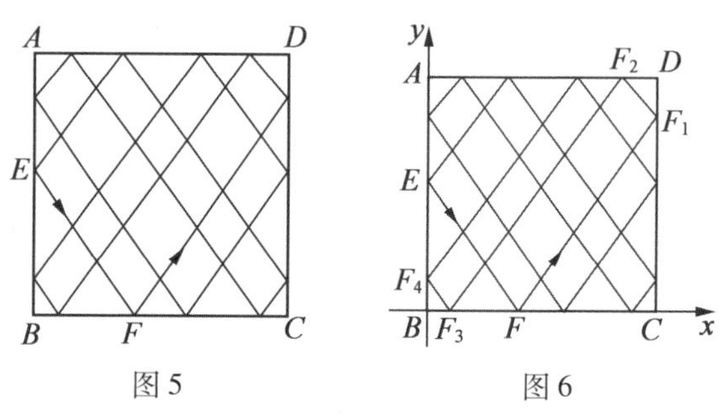

图 5　　图 6

这两种解法都得出了此问题的答案，但也有不足. 解法 1 对作图的精确性要求极高，稍有误差便会作图失败，导致得不到正确答案，故用此法解题时最好借助电脑等工具；解法 2 虽然很严密，但计算量很大，过于复杂，耗时较长.

学生同时感觉到应该还有另外的解法，而且这个题目跟打台球相似，是否会有一般的结论.

盛老师因势利导，要求几名优秀学生进行自己的研究和思考，决定把对这个问题的深入研究作为下一节知识拓展类选修课的主要内容.

§2　问题研究

一、同类问题

学生课后对同类问题进行了搜索了解，得知此例题为2012年全国卷大纲版高考数学理科试题第12题，在《2012年全国及各省市高考试题全解》一书中提供的参考答案与前文中顾玉石和王慧两位老师给出的解法一致. 他们的解法实质与解法1相同，为作图法，其仍没能回避需精确作图的要求.

在搜索过程中还发现其与浙江省嘉兴市2013年中考数学试题第16题有关.

如图7，正方形$ABCD$的边长为3，点E,F分别在边AB,BC上，$AE=BF=1$. 小球P从点E出发沿直线向点F运动，每当碰到正方形的边时反弹，反弹时反射角等于入射角. 当小球P第一次碰到点E时，小球P与正方形的边碰撞的次数为________. （参考答案为6）

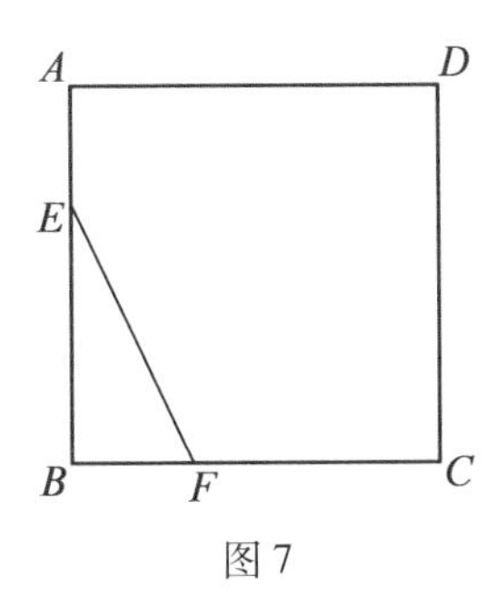

图7

二、同类问题的探究

盛老师引导学生对这两个同类问题进行了研究，发现第二个问题的本质是仅将原例题中的$\frac{3}{7}$改为了$\frac{1}{3}$，而答案从 14 次变为了 6 次.

受到这道中考试题的启发，又尝试着将$\frac{3}{7}$改为了$\frac{1}{2}$，$\frac{1}{4}$和$\frac{1}{5}$，从作图和计算两个角度探究均得到碰撞的次数分别为 4 次、8 次和 10 次，此时，发现碰撞的次数有一个惊人的共同点：分母的两倍. 而$\frac{3}{7}$的分母 7 的两倍恰好为 14，也符合该规律. 进而又将$\frac{3}{7}$改为$\frac{2}{5}$进行计算验证，得到：$E\left(0,\frac{3}{5}\right)$，$F\left(\frac{2}{5},0\right)$，$F_1\left(1,\frac{9}{10}\right)$，$F_2\left(\frac{14}{15},1\right)$，$F_3\left(\frac{4}{15},0\right)$，$F_4\left(0,\frac{2}{5}\right)$，$F_5\left(\frac{2}{5},1\right)$，$F_6\left(1,\frac{1}{10}\right)$，$F_7\left(\frac{14}{15},0\right)$，$F_8\left(\frac{4}{15},1\right)$，$F_9\left(0,\frac{3}{5}\right)$，$F_9$ 与 E 重合. 果然不出所料：碰撞的次数为 10. 再将$\frac{3}{7}$改为$\frac{3}{8}$，计算求得碰撞的次数为 16.

三、大胆猜想

经过这么多次的实验，盛老师大胆给出了一个猜想：

正方形 $ABCD$ 的边长为 1，点 E 在边 AB 上，点 F 在边 BC 上，$AE=BF=\frac{m}{n}$（n 与 m 互质，$n>m$，且 $n\in$

$\mathbf{N}^*, m\in\mathbf{N}^*$). 动点 P 从 E 出发沿直线向 F 运动，每当碰到正方形的边时反弹，反弹时反射角等于入射角. 当动点 P 第一次碰到点 E 时，P 与正方形的边碰撞的次数为 $2n$.

猜想说明：猜想条件中要求 n 与 m 互质，$n>m$，且 $n\in\mathbf{N}^*, m\in\mathbf{N}^*$，这是因为，当 n 与 m 不互质时，碰撞的次数不能认为是 $2n$，比如 $\frac{3}{7}=\frac{6}{14}$，我们求得的碰撞的次数应为 $2\times 7=14$，而不是 $2\times 14=28$.

§3　问题解决

一、猜想证明

引理　若 $a,b\in\mathbf{N}^*$，且 a 与 b 互质，则 $a-b$ 与 b 互质.

证明　（反证法）假设 $a-b$ 与 b 不互质，即 $a-b$ 与 b 存在正因数 $q_0(q_0\neq 1)$，则 $q_0\mid(a-b)$，且 $q_0\mid b$，所以 $q_0\mid a$，因此 q_0 为 a 与 b 的公因数，这与题设条件 a 与 b 互质矛盾，所以假设不成立，即 $a-b$ 与 b 互质.

猜想证明　为了研究方便，将动点 P 在正方形内的每两次碰撞的路径按图 8 的方式连接起来，易知其轨迹方程为一锯齿形周期函数.

由 $\triangle EBF$ 与 $\triangle RQF$ 相似得 $\frac{|BF|}{|BE|}=\frac{\frac{m}{n}}{1-\frac{m}{n}}=$

$\frac{m}{n-m}=\frac{|FQ|}{1}\Rightarrow|FQ|=\frac{m}{n-m}\Rightarrow T=\frac{2m}{n-m}$. 由图 8 可知，当动点 P 碰到点 E 时，$x_P=\frac{2m}{n-m}\cdot t$ 或 $x_P=\frac{2m}{n}+\frac{2m}{n-m}\cdot t$，其中 t 为自然数，且表示周期个数，$x_P\in\mathbf{N}^*$. 因为 n 与 m 互质，由引理易证 $x_P=\frac{2m}{n}+\frac{2m}{n-m}\cdot t\notin\mathbf{N}^*$，所以 $x_P=\frac{2m}{n}+\frac{2m}{n-m}\cdot t$ 舍去，故取 $x_P=\frac{2m}{n-m}\cdot t$.

图 8

(1) 当 m 为偶数时，由 n 与 m 互质知 n 为奇数，故 $n-m$ 为奇数. 由引理得 $(m,n-m)=1$，所以 $\frac{2m}{n-m}$ 为最简分数. 当动点 P 第一次碰到点 E 时，此时 x_P 取最小，得 $(x_P)_{\min}=2m$ (取 $t=n-m$). 又因为每经过一个周期动点 P 与边 BC 和边 AD 各碰撞一次且每经过单位长度动点 P 与边 CD 或边 AB 碰撞一次（其中奇数单位长度动点 P 与边 CD 碰撞，偶数单位长度动点 P 与边 AB 碰撞），而 $2m$ 为偶数，所以当动点 P 第一次碰到点 E 时，动点 P 与正方形的边碰撞的次数为 $(n-m)\cdot 2+2m=2n$.

(2) 当 m 为奇数，且 n 为偶数时，由引理知 $(m,$

$n-m)=1$，所以$\frac{2m}{n-m}$为最简分数. 当动点 P 第一次碰到点 E 时，此时 x_P 取最小，得$(x_P)_{\min}=2m$(取 $t=n-m$). 与(1)同理可得，当动点 P 第一次碰到点 E 时，动点 P 与正方形的边碰撞的次数为$(n-m)\cdot 2+2m=2n$.

(3)当 m 为奇数，且 n 为奇数时，则 $n-m$ 为偶数. 由引理知$(m,n-m)=1$，因此$\frac{2m}{n-m}$的最简分数形式为$\frac{m}{\frac{1}{2}(n-m)}$. 当动点 P 第一次碰到点 E 时，x_P 取最小，得$(x_P)_{\min}=m$(取 $t=\frac{1}{2}(n-m)$). 由(1)知，因为 m 为奇数，所以当 $x_P=m$ 时，动点 P 实际未回到 E，而是撞到了边 CD 上与 E 纵坐标相等的 E'，故需动点 P 再做一次刚才类似的碰撞路径才能回到 E，所以动点 P 与正方形的边碰撞的次数应为$\left[\frac{1}{2}(n-m)\cdot 2+m\right]\cdot 2=2n$.

综上所述，当动点 P 第一次碰到点 E 时，动点 P 与正方形的边碰撞的次数为 $2n$.

二、猜想延伸

盛老师根据上述猜想的证明思路得出以下三个结论：

结论1　正方形 $ABCD$ 的边长为 1，点 E 在边 AB 上，点 F 在边 BC 上，$AE=BF=u$，u 为无理数. 动点 P 从 E 出发沿直线向 F 运动，每当碰到正方形的边时反弹，反弹时反射角等于入射角，则无论动点 P 与正方形的边碰撞多少次，动点 P 均不可能回到 E.

简证 易知路径轨迹函数的周期为无理数$\frac{2u}{1-u}$，则当动点 P 碰到点 E 时，$x_P=\frac{2u}{1-u}\cdot t$ 或 $x_P=2u+\frac{2u}{1-u}\cdot t$，其中 t 为自然数，且表示周期个数. 因为 u 为无理数，所以对任意的 $t\in\mathbf{N}$，都有 $x_P\notin\mathbf{N}^*$，因此无论动点 P 与正方形的边碰撞多少次，动点 P 均不可能回到 E.

结论 2 矩形 $ABCD$ 满足点 E 在边 AB 上，点 F 在边 BC 上，$\frac{AE}{AB}=\frac{BF}{BC}=\frac{m}{n}$（$n$ 与 m 互质，$n>m$，且 $m\in\mathbf{N}^*$，$n\in\mathbf{N}^*$）. 动点 P 从 E 出发沿直线向 F 运动，每当碰到矩形的边时反弹，反弹时反射角等于入射角. 当动点 P 第一次碰到点 E 时，P 与长方形的边碰撞的次数为 $2n$.

证明过程同猜想证明类似.

结论 3 矩形 $ABCD$ 满足点 E 在边 AB 上，点 F 在边 BC 上，$\frac{AE}{AB}=\frac{BF}{BC}=u$，$u$ 为无理数. 动点 P 从 E 出发沿直线向 F 运动，每当碰到矩形的边时反弹，反弹时反射角等于入射角，则无论动点 P 与矩形的边碰撞多少次，动点 P 均不可能回到 E.

证明过程同结论 1 的证明类似.

§4　以退为进

陕西省榆林中学的高非老师从另一个角度思考了前文提到的全国卷大纲版高考数学理科试题第12题.

面对此题,第一反应是难.若直接画图,方法虽笨,但理论上是可行的,可是学生在高考考场上画出这个图形并数出碰撞次数又谈何容易?若建立坐标系进行严格推证,未免小题大做.怎么办呢?这是一个边长为1的正方形,“$AE=BF=\frac{3}{7}$”等价于“$\frac{AE}{EB}=\frac{BF}{FC}=\frac{3}{4}$”.如果这个比值是$\frac{1}{1}$或$\frac{1}{2}$不就容易了吗.数学家华罗庚说过:“复杂的问题要善于退,要足够地退,退到我们容易看清楚的地方,认透了,钻透了,然后再上去.”这就是以退为进的解题策略.接下来,分别画出$\frac{AE}{EB}=\frac{BF}{FC}=\frac{1}{1},\frac{1}{2},\frac{1}{3}$情形的图形(图9~11).因为这些情形都比较容易,而且反弹点都还在较特殊的位置,所以完全可以通过手工“准确”画出.由此容易发现,碰撞的次数依次为4,6,8.这恰好是分子与分母和的2倍,这时,推理归纳得出$\frac{AE}{EB}=\frac{BF}{FC}=\frac{3}{4}$时,碰撞次数应该为$(3+4)\times 2=14$次.这里高老师用了“应该”这个词,因为这毕竟是一个由特殊到一般归纳的结论,其正确性还有待于证明. 那么,能否给出一个严格的证明呢?经过反复思考、实验,有了如下的证明思路.

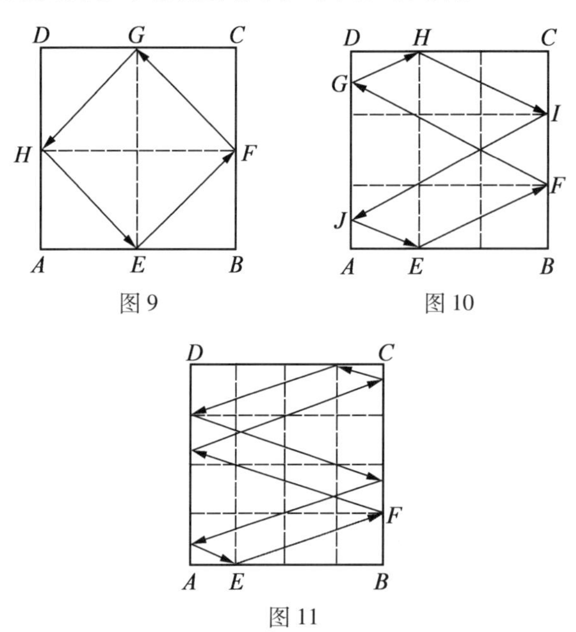

图 9　　图 10

图 11

结论 4　当$\frac{AE}{EB}=\frac{BF}{FC}=\frac{n}{m}$($m,n$ 互素)时,碰撞的次数为 $2(m+n)$ 次.

证明　首先以图 10 为例,由于点 P 的运动路径与光线的镜面反射路径完全相同,由对称性可知,入射光线与反射光线关于镜面对称的光线在同一直线上,故将其"化折为直"展开,则动点 P 的反弹路径转化为线段 EE'(图 12),易知碰撞次数即线段 EE' 与各个小正方形边的交点的个数减去 1(除去点 E).

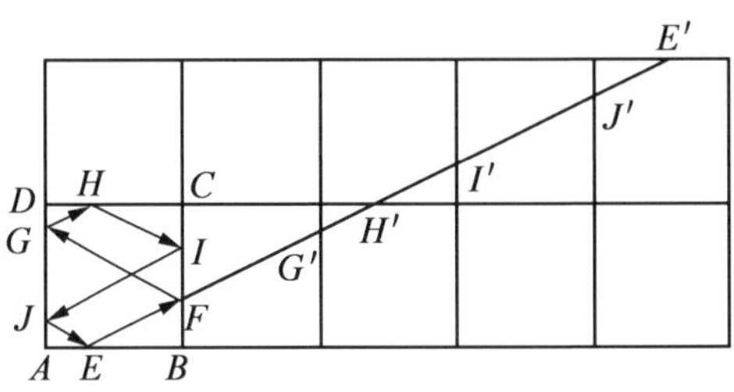

图 12

下面,根据此思路,以 A 为原点,并以 AB 的延长线为 x 轴,AD 的延长线为 y 轴建立平面直角坐标系.由已知 $E\left(\frac{n}{m+n},0\right)$,$F\left(1,\frac{n}{m+n}\right)$,故以点 E 为出发点的射线 EE'的方程为 $y=\frac{n}{m}\left(x-\frac{n}{m+n}\right)\left(x\geqslant\frac{n}{m+n}\right)$.由于动点 P 从 AB 出发,经过若干次碰撞只有通过 CD 反弹后才返回碰撞 AB,故动点 P 在 CD,AB 上的反弹点反映在坐标系中,分别在直线 $y=2k-1$ 和 $y=2k(k\in\mathbf{N}^*)$上.同理,在 BC,AD 上的反弹点在直线 $x=2k-1$ 和 $x=2k(k\in\mathbf{N}^*)$上.联立方程组

$$\begin{cases}y=2k\\ y=\frac{n}{m}\left(x-\frac{n}{m+n}\right)\end{cases}$$

解得直线 EE' 与 $y=2k(k\in\mathbf{N}^*)$ 的交点坐标为 $\left(2k\cdot\frac{m}{n}+\frac{n}{m+n},2k\right)$.

当点 P 第一次返回碰撞点 E 时,交点的横坐标 $2k\cdot\frac{m}{n}+\frac{n}{m+n}$中 $2k\cdot\frac{m}{n}$必须是最小的正偶数,这是因

为动点 P 只有经过 AD 反弹之后才能返回碰到点 E，而在 AD 上的反弹点必在直线 $x=2k$ 上. 下面对 $2k\cdot\frac{m}{n}$分奇偶进行讨论.

(1)当 n 为奇数时，因为 m,n 互素，当且仅当 $k=n$ 时，$2k\cdot\frac{m}{n}$为最小偶数 $2m$，交点坐标为 $E'(2m+\frac{n}{m+n},2n)$，此时碰撞次数为 $2(m+n)$.

(2)当 n 为偶数时，又当 $k=\frac{n}{2}$时，$2k\cdot\frac{m}{n}$为整数 m，交点坐标为 $E'(m+\frac{n}{m+n},n)$. 因为 m,n 互素，所以 m 为奇数，不符合“正偶数”的要求，因此 $k\neq\frac{n}{2}$. 故只有$k=n$时，交点坐标为 $E'(2m+\frac{n}{m+n},2n)$，此时碰撞次数仍为 $2(m+n)$. 事实上，当 $k=\frac{n}{2}$时，m 为奇数，交点坐标 $E'(m+\frac{n}{m+n},n)$所表示的意义是：点 P 正处于运动的“正中”状态. 如图 13，这是$\frac{n}{m}=\frac{2}{3}$时的情形，即点 P 虽然到达 AB，但它是经 BC 反弹而至，此时碰撞次数为 $m+n$，记此刻反弹点为 X，则 $AE=XB$. 要使点 P 回到点 E，根据对称性，还需再碰撞 $m+n$ 次，这样点 P 碰到点 E 的碰撞次数还是 $2(m+n)$.

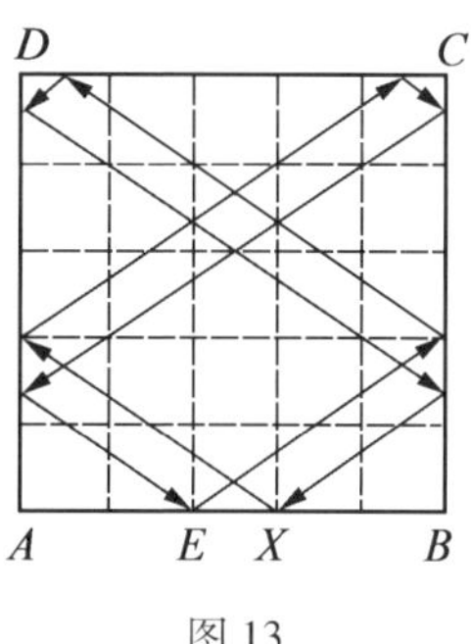

图 13

综上,当$\frac{AE}{EB}=\frac{BF}{FC}=\frac{n}{m}$($m,n$ 互素)时,碰撞的次数为 $2(m+n)$次.

现在我们怀疑的是:对于任意的$\frac{AE}{EB}=\frac{BF}{FC}=\frac{n}{m}$($m$,$n$ 互素),碰撞能进行到底吗?因为当动点恰好弹到正方形的顶点 A,B,C,D 处碰撞就停止.下面给出简要说明:问题转化为直线 EE':$y=\frac{n}{m}\left(x-\frac{n}{m+n}\right)$是否有整点?这是因为当 $y\in\mathbf{N}^*$ 时,$ym=n\left(x-\frac{n}{m+n}\right)$.因为 m,n 互素,所以 y 一定是 n 的倍数.令 $y=\mu n$($n\in\mathbf{N}^*$),则$x=\frac{n}{m+n}+\mu m$,易知 x 不可能是整数,故直线 EE'上不存在整点.

结论 5　当$\frac{AE}{EB}=\frac{BF}{FC}=\lambda$($\lambda$ 为无理数)时,动点 P 永远不可能回到 E 处.

证明　当 $\frac{AE}{EB}=\frac{BF}{FC}=\lambda$($\lambda$ 为无理数)时,

$E\left(\frac{\lambda}{1+\lambda},0\right)$，$F\left(1,\frac{\lambda}{1+\lambda}\right)$，故直线 EF 的方程是

$$y=\lambda\left(x-\frac{\lambda}{1+\lambda}\right)$$

联立方程组

$$\begin{cases}y=2k \quad (k\in\mathbf{N}^*)\\ y=\lambda\left(x-\frac{\lambda}{1+\lambda}\right)\end{cases}$$

解得直线 EF 与 $y=2k$（$k\in\mathbf{N}^*$）的交点坐标为 $\left(\frac{2k}{\lambda}+\frac{\lambda}{1+\lambda},2k\right)$. 要使点 P 第一次碰到 E 时，$\frac{2k}{\lambda}$ 必须是正偶数，但由于 λ 是无理数，所以 $\frac{2k}{\lambda}$ 不可能是正偶数，定理得证.

其实，还可以继续发现一些有趣的性质，如当 $m+n$ 是奇数时，动点 P 运动的路径形成的图案为轴对称图形；当 $m+n$ 是偶数时，动点 P 运动的路径形成的图案为中心对称图形，此处证明略.

本题看似简单，其实不易，求解过程涉及点关于直线、直线关于直线的对称问题，整点问题，特别是进行了“化折为直”的巧妙转化，并利用解析法得以解决，整个过程具有实验性、探究性和创造性，是一道内容丰富、耐人寻味的好题. 这道题的参考答案是这样叙述的：本题考查入射角、反射角的关系，以及作图、用图的能力，由题意画出符合题意的图形，当经过 14 次碰撞，点 P 第一次碰到 E. 高老师认为直接“由题意画图得”是不现实的，高考是争分夺秒的快速解答，即使借助坐

标系在短时间内也是画不出的. 因此,从复杂退到简单,从一般退到特殊,从抽象退到具体,然后再投石问路归纳总结“冲上去”,这样的解题思路是解决类似问题的好方法,体现了以退为进的化归思想.

斯坦因豪斯问题简介

第1章

§1 一道联赛命题的产生

其实中学数学界对此类问题关注已久. 1981 年 10 月 24 日《中国青年报》用整版登载了 1981 年的“二十五省市自治区中学数学竞赛试题及其解答”,在中学生中反响强烈,特别是对其中最后一题非常感兴趣. 那么这道试题是如何产生的呢?命题者给出了自己的思路如下:

设想有一张台球桌,形状是正五边形 $ABCDE$(图 1). 一个台球从 AB 的中点 P 击出,击中 BC 边上的某一点 P_1',并依次碰击 CD,DE,EA 诸边的点 P_2',P_3',P_4',最后到达 AB 边上的点 P_5',这时

$$\triangle PBP_1' \backsim \triangle P_2'CP_1' \backsim \triangle P_2'DP_3'$$
$$\backsim \triangle P_4'EP_3' \backsim \triangle P_4'AP_5'$$

所以

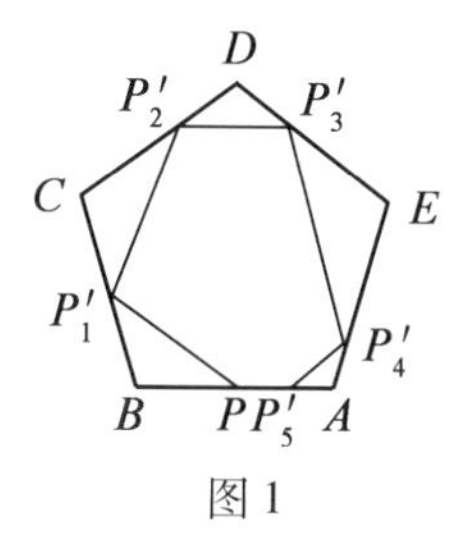

图1

$$\frac{BP_1'}{BP}=\frac{CP_1'}{CP_2'}=\frac{DP_3'}{DP_2'}=\frac{EP_3'}{EP_4'}=\frac{AP_5'}{AP_4'}$$

不失一般性,可设正五边形的边长为1,上面比例式的比值为$2k$,易得

$$BP_1'=k$$

$$CP_1'=1-BP_1'=1-k$$

$$CP_2'=\frac{CP_1'}{2k}=\frac{1-k}{2k}$$

$$DP_2'=1-CP_2'=\frac{3k-1}{2k}$$

$$DP_3'=3k-1$$

$$EP_3'=2-3k$$

$$EP_4'=\frac{2-3k}{2k}$$

$$AP_4'=\frac{5k-2}{2k}$$

$$AP_5'=5k-2$$

除击中点B外,要求上述诸线段之长都必须大于0而小于1,故要解下面的不等式组,以求参数k的取值范围

$$\begin{cases}0<k<1\\0<\dfrac{1-k}{2k}<1\\0<3k-1<1\\0<\dfrac{2-3k}{2k}<1\\0<5k-2<1\end{cases}$$

即
$$\begin{cases}0<k<1\\k>\dfrac{1}{3}\\k<\dfrac{2}{3}\\k>\dfrac{2}{5}\\k<\dfrac{3}{5}\end{cases}$$

所以
$$\frac{2}{5}<k<\frac{3}{5}$$

(当最后一个式子 $0<5k-2\leqslant 1$ 时,这里等号表示台球最后可击中点 B)从 k 的范围转而求球击出的倾斜角 $\angle BPP_1'=\theta$ 的范围时,就用到正弦定理和解简单三角方程的知识(或者用函数的增减性与反三角函数的知识),看来它是一道简单的综合题. 可是此时感觉到,由于正五边形的内角 $\angle PBP_1'=108°$不是熟知的特别角,它增加了计算的复杂性. 于是命题者又把正五边形改为正六边形(亦可改为正八边形或正十二边形等),其内角等于 $120°$(或 $135°$或 $150°$)是熟知的特别角,这样就把题目确定如下:

一张台球桌的形状是正六边形 $ABCDEF$(图2).一个球从 AB 的中点 P 击出,击中 BC 边上的某点 P_1,并且依次碰击 CD,DE,EF,FA 各边上的点 P_2,P_3,P_4,P_5,最后击中 AB 边上的某一点 P_6. 设 $\angle BPP_1=\theta$.

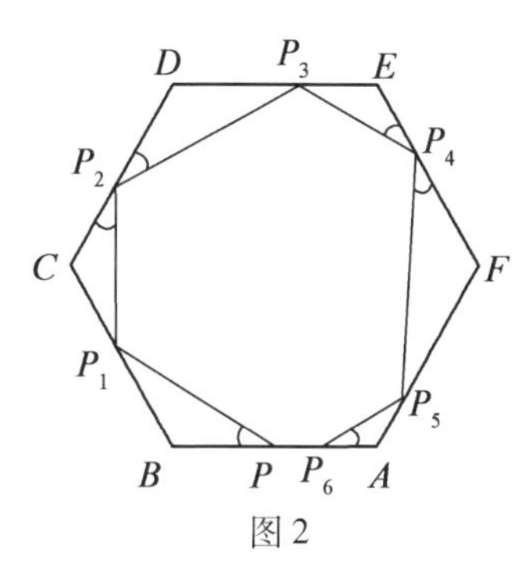

图2

1. 问 θ 等于多少度时,P_6 与 P 重合;

2. 求 θ 的取值范围;

3. 求 PP_6 的长度(可用正六边形的边长 a——亦可取 $a=1$——和 θ 的三角函数的有理式来表示).

提示:利用反射角等于入射角的原理.

第一小题是一目了然的,它将使学生知道点 P_1 一般应在 BC 中点的附近,这样若题目不附图形,亦便于学生自己画图;第二小题是本题的主要部分;第三小题亦比较简单,主要是求出终点的位置. 后来命题小组选用了如上的第二小题.

数学问题往往是从客观现象中抽出其空间形式和

数量关系而构成的. 还可以改变问题的条件而产生新的问题,这也是编写数学试题的途径之一.

现附原题的一种解答如下:

解 1. 因为正六边形的内角

$$\angle FAB = \angle ABC = \angle BCD = \angle CDE = \angle DEF = \angle EFA = 120^\circ \qquad (1)$$

所以当 $\theta = 30^\circ$时,从点 P 击出的球必击中 BC 的中点. 又由于反射角等于入射角,故经反射后,球依次击中 CD, DE, EF, FA 的中点,最后返回点 P.

2. 设球从 AB 的中点 P 以 $\angle BPP_1 = \theta$ 的方向击出后,依次击中 BC, CD, DE, EF, FA, AB 各边上的点 P_1, P_2, P_3, P_4, P_5, P_6. 根据反射角等于入射角及式(1),有

$$\angle BP_1P = \angle CP_1P_2 = 60^\circ - \theta$$

所以 $$\triangle P_1BP \backsim \triangle P_1CP_2 \Rightarrow \frac{BP_1}{BP} = \frac{CP_1}{CP_2}$$

同理依次推得

$$\frac{BP_1}{BP} = \frac{CP_1}{CP_2} = \frac{DP_3}{DP_2} = \frac{EP_3}{EP_4} = \frac{FP_5}{FP_4} = \frac{AP_5}{AP_6} \qquad (2)$$

不失一般性,设正六边形的各边长为 1,上面比例式的比值为 $2k$. 因此 $BP = \frac{1}{2}$,所以从式(2)可得

$$BP_1 = k, CP_1 = 1 - k$$

$$CP_2 = \frac{1-k}{2k}, DP_2 = \frac{3k-1}{2k}$$

$$DP_3 = 3k - 1, EP_3 = 2 - 3k$$

$$EP_4 = \frac{2-3k}{2k}, FP_4 = \frac{5k-2}{2k}$$

$$FP_5 = 5k - 2, AP_5 = 3 - 5k$$

$$AP_6=\frac{3-5k}{2k}$$

为了使球依次碰击各边，k 应满足不等式组

$$\begin{cases}0<k<1\\0<\dfrac{1-k}{2k}<1\\0<3k-1<1\\0<\dfrac{2-3k}{2k}<1\\0<5k-2<1\\0<\dfrac{3-5k}{2k}\leqslant 1\end{cases}$$

即

$$\begin{cases}0<k<1\\k>\dfrac{1}{3}\\k<\dfrac{2}{3}\\k>\dfrac{2}{5}\\k<\dfrac{3}{5}\\k\geqslant\dfrac{3}{7}\end{cases}\tag{3}$$

所以不等式组(3)的解是

$$\frac{3}{7}\leqslant k<\frac{3}{5}$$

即
$$\frac{6}{7}\leqslant\frac{BP_1}{BP}<\frac{6}{5}$$

根据正弦定理

$$\frac{BP}{BP_1}=\frac{\sin(60^\circ-\theta)}{\sin\theta}=\frac{\sqrt{3}}{2}\cot\theta-\frac{1}{2}$$

所以 $$\frac{5}{6}<\frac{\sqrt{3}}{2}\cot\theta-\frac{1}{2}\leqslant\frac{7}{6}$$

即 $$\frac{3\sqrt{3}}{10}\leqslant\tan\theta<\frac{3\sqrt{3}}{8}$$

因此，θ 的取值范围是

$$\arctan\frac{3\sqrt{3}}{10}\leqslant\theta<\arctan\frac{3\sqrt{3}}{8}$$

3. 若在$[\frac{3}{7},\frac{3}{5})$中取一 k 值，$k=k_0$，则 PP_6 的长度为

$$|PP_6|=\left|\frac{1}{2}-AP_6\right|=\left|\frac{1}{2}-\frac{3-5k_0}{2k_0}\right|=\frac{3}{2}\left|\frac{2k_0-1}{k_0}\right|$$

因为

$$BP_1=k_0$$

$$\frac{\sin\theta}{k_0}=\frac{\sin(60^\circ-\theta)}{\frac{1}{2}}$$

$$\Rightarrow k_0=\frac{\sin\theta}{\sqrt{3}\cos\theta-\sin\theta}$$

所以

$$|PP_6|=\frac{3}{2}\left|\frac{3\sin\theta-\sqrt{3}\cos\theta}{\sin\theta}\right|=\frac{3}{2}\left|3-\sqrt{3}\cot\theta\right|$$

上面解法是符合中学生的一般思维过程的，自然此题的第二小题还有更简单的解法. 例如，从图 2 可直观地看出(亦易证明)：如果 $BP_1>BP$，那么六个相似

三角形有如下的大小关系

$$\triangle P_6AP_5 < \triangle P_4EP_3 < \triangle P_2CP_1$$
$$< \triangle PBP_1 < \triangle P_2DP_3 < \triangle P_4FP_5$$

并且在正六边形各顶角的夹边中 AP_6 最短，FP_5 最长．所以不等式组(3)等价于

$$\begin{cases} 0 < 5k - 2 < 1 \\ 0 < \dfrac{3 - 5k}{2k} \leqslant 1 \end{cases}$$

即

$$\begin{cases} \dfrac{2}{5} < k < \dfrac{3}{5} \\ \dfrac{3}{7} \leqslant k < \dfrac{3}{5} \end{cases}$$

亦即

$$\frac{3}{7} \leqslant k < \frac{3}{5} \tag{4}$$

所以只需解不等式组(3)中的最后一个不等式就可以了．这不是偶然的，事实上，当 $BP_1 < BP$ 时，从图 3 可以直观地看出

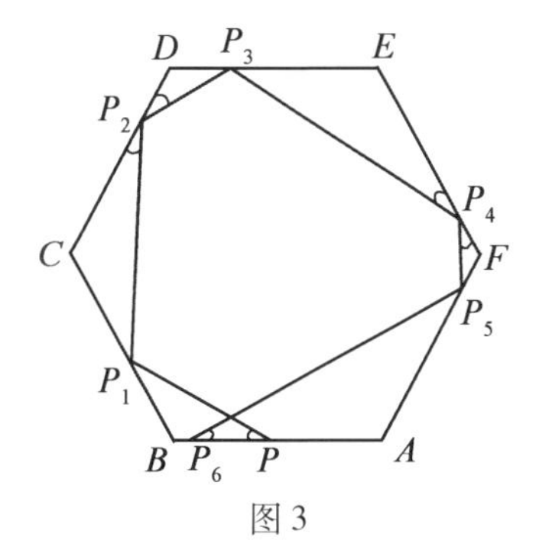

图 3

$$\triangle P_6AP_5 > \triangle P_4EP_3 > \triangle P_2CP_1$$
$$> \triangle PBP_1 > \triangle P_2DP_3 > \triangle P_4FP_5$$

此时 AP_6 最长，FP_5 最短. 同样地，不等式组(3)与式(4)等价.

当 $\arctan\dfrac{3\sqrt{3}}{10} \leqslant \theta \leqslant 30°$时，点 P_6 落在 PB 上，此时 AP_6 为最大边；当 $30° < \theta < \arctan\dfrac{3\sqrt{3}}{8}$时，点 P_6 落在 AP 上，此时 AP_6 为最小边. 所以当 θ 变化时，AP_6 总是六个相似三角形中夹正六边形顶角的边中最大或最小的一边. 也就是说，由不等式组(3)的最后一个不等式解得的 k 的范围，可使点 P_6 落在 AB 上，从而得到 P_5, P_4, P_3, P_2, P_1 分别落在 AF, FE, ED, DC, CB 上. 所以要解不等式组(3)只需解(3)的最后一个不等式就可以了.

又如，有了上述的分析之后，第二、三小题可直接用正弦定理计算如下

$$\frac{BP_1}{\sin\theta} = \frac{\frac{1}{2}}{\sin(60° - \theta)}$$

$$\Rightarrow \begin{cases} BP_1 = \dfrac{\sin\theta}{\sqrt{3}\cos\theta - \sin\theta} \\ CP_1 = 1 - BP_1 = \dfrac{\sqrt{3}\cos\theta - 2\sin\theta}{\sqrt{3}\cos\theta - \sin\theta} \end{cases}$$

$$\frac{CP_2}{\sin(60^\circ-\theta)}=\frac{CP_1}{\sin\theta}$$

$$\Rightarrow\begin{cases}CP_2=\dfrac{\sqrt{3}\cos\theta-2\sin\theta}{2\sin\theta}\\[2ex] DP_2=\dfrac{4\sin\theta-\sqrt{3}\cos\theta}{2\sin\theta}\end{cases}$$

$$\frac{DP_3}{\sin\theta}=\frac{DP_2}{\sin(60^\circ-\theta)}$$

$$\Rightarrow\begin{cases}DP_3=\dfrac{4\sin\theta-\sqrt{3}\cos\theta}{\sqrt{3}\cos\theta-\sin\theta}\\[2ex] EP_3=\dfrac{2\sqrt{3}\cos\theta-5\sin\theta}{\sqrt{3}\cos\theta-\sin\theta}\end{cases}$$

$$\frac{EP_4}{\sin(60^\circ-\theta)}=\frac{EP_3}{\sin\theta}$$

$$\Rightarrow\begin{cases}EP_4=\dfrac{2\sqrt{3}\cos\theta-5\sin\theta}{2\sin\theta}\\[2ex] FP_4=\dfrac{7\sin\theta-2\sqrt{3}\cos\theta}{2\sin\theta}\end{cases}$$

$$\frac{FP_5}{\sin\theta}=\frac{FP_4}{\sin(60^\circ-\theta)}$$

$$\Rightarrow\begin{cases}FP_5=\dfrac{7\sin\theta-2\sqrt{3}\cos\theta}{\sqrt{3}\cos\theta-\sin\theta}\\[2ex] AP_5=\dfrac{3\sqrt{3}\cos\theta-8\sin\theta}{\sqrt{3}\cos\theta-\sin\theta}\end{cases}$$

$$\frac{AP_6}{\sin(60^\circ-\theta)}=\frac{AP_5}{\sin\theta}$$

$$\Rightarrow AP_6=\frac{3\sqrt{3}\cos\theta-8\sin\theta}{2\sin\theta}=\frac{3\sqrt{3}}{2}\cot\theta-4$$

要求 $0<AP_6\leqslant 1$,即

$$0<\frac{3\sqrt{3}}{2}\cot\theta-4\leqslant 1$$

$$\Rightarrow\frac{3\sqrt{3}}{10}\leqslant\tan\theta<\frac{3\sqrt{3}}{8}$$

所以
$$\arctan\frac{3\sqrt{3}}{10}\leqslant\theta<\arctan\frac{3\sqrt{3}}{8}$$

并且

$$|PP_6|=\left|\frac{1}{2}-\left(\frac{3\sqrt{3}}{2}\cot\theta-4\right)\right|=\frac{3}{2}|3-\sqrt{3}\cot\theta|$$

§2　试题的另解与推广

解法1　如图4,设小球各边的反射点依次为 P, Q,R,S,T,U,V. 根据入射角等于反射角的原理,有

$$\angle PQB=\angle RQC$$

$$\angle B=\angle C=120^\circ$$

所以
$$\triangle PQB\backsim\triangle RQC$$

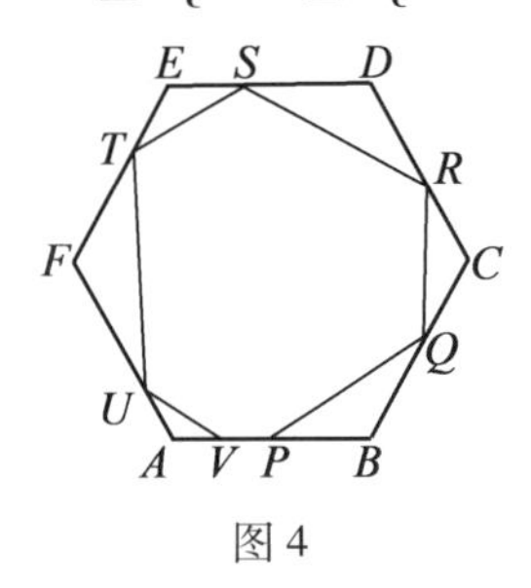

图4

从而有

$$\frac{BQ}{BP}=\frac{CQ}{CR}$$

同理推得

$$\frac{BQ}{BP}=\frac{CQ}{CR}=\frac{DS}{DR}=\frac{ES}{ET}=\frac{FU}{FT}=\frac{AU}{AV}$$

不失一般性,设正六边形的边长为1,$PB=\frac{1}{2}$,$BQ=x$,则

$$CQ=1-x,CR=\frac{1-x}{2x},DR=\frac{3x-1}{2x},DS=3x-1$$

$$ES=2-3x,ET=\frac{2-3x}{2x},FT=\frac{5x-2}{2x},FU=5x-2$$

$$AU=3-5x,AV=\frac{3-5x}{2x}$$

因为Q,R,S,T,U,V各点均在正六边形的边上,所以

$$\begin{cases}0<x<1\\0<\frac{1-x}{2x}<1\\0<3x-1<1\\0<\frac{2-3x}{2x}<1\\0<5x-2<1\\0<\frac{3-5x}{2x}<1\end{cases}$$

即
$$\begin{cases}0<x<1\\ \frac{1}{3}<x<1\\ \frac{1}{3}<x<\frac{2}{3}\\ \frac{2}{5}<x<\frac{2}{3}\\ \frac{2}{5}<x<\frac{3}{5}\\ \frac{3}{7}<x<\frac{3}{5}\end{cases}$$

解上面的不等式组得

$$\frac{3}{7}<x<\frac{3}{5}$$

在$\triangle PBQ$中,$BP=\frac{1}{2}$,$\angle PBQ=120°$,$\frac{3}{7}<BQ<\frac{3}{5}$,由余弦定理解得$PQ$的范围

$$\frac{\sqrt{127}}{14}<PQ<\frac{\sqrt{91}}{10}$$

由正弦定理即可得$\angle QPB$的范围

$$\arcsin\frac{3\sqrt{3}}{\sqrt{127}}<\theta<\arcsin\frac{3\sqrt{3}}{\sqrt{91}}$$

解法2 利用线性函数迭代法.

(1)如图5,设

$$PB=x,QC=y,BQ=1-y,DR=z$$

在$\triangle PBQ$中用正弦定理

$$\frac{x}{\sin(60°-\theta)}=\frac{1-y}{\sin\theta} \tag{1}$$

同理,在$\triangle QCR$中用正弦定理

$$\frac{y}{\sin\theta}=\frac{1-z}{\sin(60^\circ-\theta)} \tag{2}$$

式(1)和式(2)中消去y,得

$$x=\frac{\sin(60^\circ-\theta)-\sin\theta}{\sin\theta}+z$$

从而
$$z=x+\frac{3}{2}-\frac{\sqrt{3}}{2}\cot\theta$$

设
$$f(x)=x+\frac{3}{2}-\frac{\sqrt{3}}{2}\cot\theta$$

依次推下去,则BV为$f(x)$的三阶复合函数,故

$$BV=f^{(3)}(x)=x+\frac{9}{2}-\frac{3\sqrt{3}}{3}\cot\theta \tag{3}$$

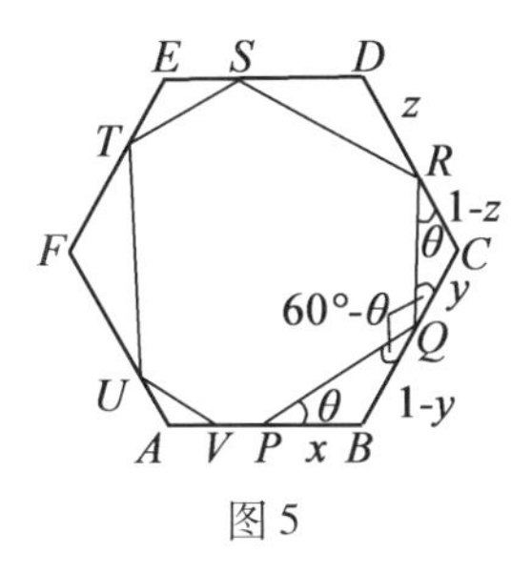

图5

(2)由$0<BV<1$知,当$BV=x=\frac{1}{2}$时

$$BV=5-\frac{3\sqrt{3}}{2}\cot\theta$$

$$0<5-\frac{3\sqrt{3}}{2}\cot\theta<1$$

$$\frac{8}{3\sqrt{3}}<\cot\theta<\frac{10}{3\sqrt{3}}\Rightarrow 20^\circ30'<\theta<30^\circ$$

解式(3)，当 $x=\frac{1}{4}, \theta=30°$时，代入式(3)得

$$BV=\frac{1}{4}+\frac{9}{2}-\frac{3\sqrt{3}}{2}\cot 30°=\frac{1}{4}$$

此时 BV 在边 AB 上且与 P 重合.

解法 3　将正六边形 $ABCDEF$(简称图 A_0)以 BC 为对称轴反射，得图 A_1；再将正六边形图 A_1 以 CD_1 为对称轴反射，得图 A_2；如图 6，顺次得 A_3, A_4, A_5 各正六边形. 显然 B, D_1, F_1, B_1 以及 A, C, E_1, A_1 各点分别在一条直线上，且 ABB_1A_1 为平行四边形. 又因为入射角等于反射角，所以从 AB 的中点 P 击出，依次碰到图 A_0 的各边反射，最后击中边 AB 上的一点. 这种情况下球 P 所经过的折线轨迹，由对称性可得如图所形成的在平行四边形 ABB_1A_1 内始点在 P，终点在 A_1B_1 上的直线段. 所以 $\angle BPQ$ 的范围为 $\angle BPB_1 < \angle BPQ < \angle BPA_1$.

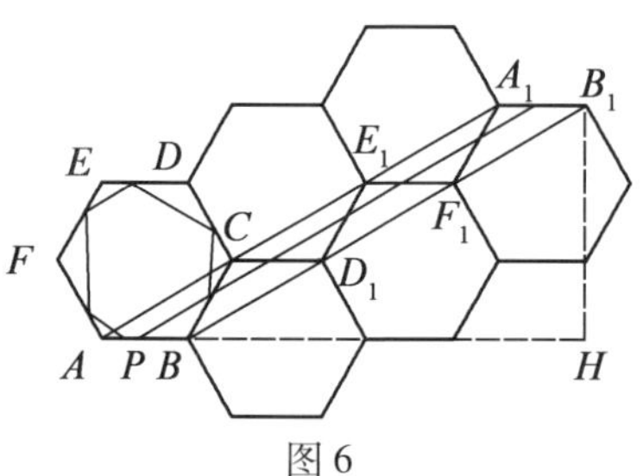

图 6

由 $AB=1, BP=\frac{1}{2}, B_1H=\frac{3\sqrt{3}}{2}, BB_1=3\sqrt{3}, PH=5$，可以解得

$$\angle BPB_1=\arcsin\frac{3\sqrt{3}}{\sqrt{127}}$$

$$\angle BPA_1 = \arcsin \frac{3\sqrt{3}}{\sqrt{91}}$$

所以
$$\arcsin \frac{3\sqrt{3}}{\sqrt{127}} < \theta < \arcsin \frac{3\sqrt{3}}{\sqrt{91}}$$

解法4　如图7,作正六边形 $DCD'E'F''E''$,正六边形 $E'F'A'\cdots F''$,……

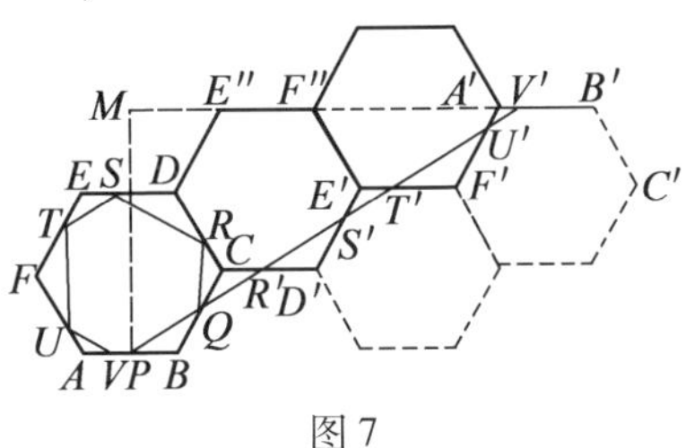

图7

延长 PQ 分别交 $CD',D'E',E'F',F'A',A'B'$ 于 R',S',T',U',V' 各点.

设球击在 CD,DE,EF,FA,AB 各边的点分别是 R,S,T,U,V,由于入射角等于反射角,易证

$$\triangle QCR' \cong \triangle QCR$$
$$\triangle R'D'S' \cong \triangle RDS$$
$$\triangle S'E'T' \cong \triangle SET$$
$$\triangle T'F'U' \cong \triangle TFU$$
$$\triangle U'A'V' \cong \triangle UAV$$

球击中 CD 上点 R 相当于球击中 CD' 上点 R';击中 DE 上点 S 相当于击中 $D'E'$ 上点 S',依此类推.

因此,球行走的折线 $PQRSTUV$ 转化为直线 $PQR'S'T'U'V'$.

易证 B',A',F'',E'' 共线,设这一直线与 AB 的中垂线相交于 M,则有

$$B'M /\!/ BA, B'M \perp MP$$

易证 B,D',F',B' 共线与 A,C,E',A' 共线.

因为 $B'A' \underline{\underline{/\!/}} BA$,所以 $BB'A'A$ 是平行四边形.

若 PQ 延长后能与平行四边形内的线段 CD', $D'E'$, $E'F'$, $F'A'$ 相交,并与 $A'B'$ 相交,则线段 PV' 应在平行四边形 $BB'A'A$ 的内部. 因此,必将有

$$\angle PB'M < \angle PV'M = \angle BPQ = \theta < \angle PA'M$$

不失一般性,设正六边形的边长为 1,则

$$B'M = 5, A'M = 4, PM = \frac{3\sqrt{3}}{2}$$

$$\tan\angle PB'M = \frac{MP}{B'M} = \frac{3\sqrt{3}}{2\times 5} = \frac{3\sqrt{3}}{10}$$

$$\tan\angle PA'M = \frac{MP}{A'M} = \frac{3\sqrt{3}}{2\times 4} = \frac{3\sqrt{3}}{8}$$

由$\frac{3\sqrt{3}}{10} < \tan\theta < \frac{3\sqrt{3}}{8}$,因此,$\theta$ 的取值范围是

$$\arctan\frac{3\sqrt{3}}{10} < \theta < \arctan\frac{3\sqrt{3}}{8}$$

注 若本题条件修改为一张台球桌形状是正 n 边形 $A_1A_2\cdots A_n$(图 8). 一个球从 AB 的中点 P 击出,击中边 A_2A_3 上的点 P_2,并且依次碰击 A_3A_4, A_4A_5, $\cdots$, A_nA_1 各边,击中边 A_iA_{i+1} 的点为 P_i,而 P_{n+1} 击中边 A_1A_2. 设 $\angle A_2P_1P_2 = \theta$,求 θ 的范围.

通过解正六边形的情况中不等式组的规律,我们可以估计:

我们可以得到 n 个不等式的组,第 $i(i = 1,2,\cdots,n)$ 个不等式表示 $P_{i+1}A_{i+1}$ 的长度范围. 于是可以推得:

(1)当 i 为奇数时,x 满足 $0 < ix - \frac{1}{2}(i-1) < 1$;

(2)当 i 为偶数时,x 满足 $0 < \dfrac{\frac{1}{2}i - (i-1)x}{2x} < 1$.

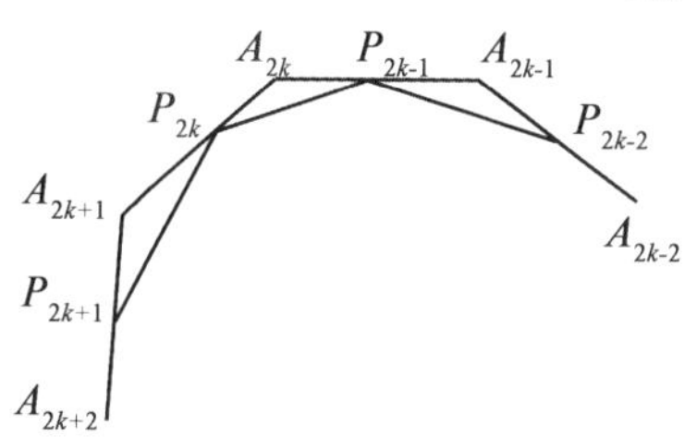

图 8

下面对(1)用数学归纳法证明:

当 $i=1$ 时,(1)显然成立.

当 $i=2k-1$ 时,有 $0<(2k-1)x-(k-1)<1$,即

$$A_{2k}P_{2k}=(2k-1)x-(k-1)$$

所以
$$A_{2k+1}P_{2k}=1-A_{2k}P_{2k}=k-(2k-1)x$$

由三角形相似,有

$$\frac{A_2P_1}{A_2P_2}=\frac{A_3P_3}{A_3P_2}=\frac{A_4P_3}{A_4P_4}=\frac{A_5P_5}{A_5P_4}=\cdots=\frac{A_{2k}P_{2k-1}}{A_{2k}P_{2k}}$$
$$=\frac{A_{2k+1}P_{2k+1}}{A_{2k+1}P_{2k}}=\cdots$$

所以

$$\frac{A_{2k+1}P_{2k+1}}{A_{2k+1}P_{2k}}=\frac{\frac{1}{2}}{x}$$

$$A_{2k+1}P_{2k+1}=\frac{1}{2x}[k-(2k-1)x]$$

$$A_{2k+2}P_{2k+1}=1-A_{2k+1}P_{2k+1}=k+\frac{1}{2}-\frac{k}{2x}$$

又由

$$\frac{A_{2k+2}P_{2k+2}}{A_{2k+2}P_{2k+1}}=\frac{A_2P_2}{A_2P_1}=\frac{x}{\frac{1}{2}}$$

$$A_{2k+2}P_{2k+2}=2x\cdot\left(k+\frac{1}{2}-\frac{k}{2x}\right)=\left(k+\frac{1}{2}\right)2x-k$$

可有 $$0<A_{2k+2}P_{2k+2}<1$$

从而得

$$0<(2k+1)x-k<1$$

所以第 $2k+1$ 个不等式成立,结论(1)为真. 同理亦可证(2).

由(1)可推得

$$\frac{i-1}{2i}<x<\frac{1}{i}+\frac{i-1}{2i}\quad(i\text{ 为奇数},1\leqslant i\leqslant n)$$

由(2)可推得

$$\frac{i}{2i+2}<x<\frac{i}{2i-2}\quad(i\text{ 为偶数},1<i\leqslant n)$$

显然,随 i 的增大,$\frac{i-1}{2i}=\frac{1}{2}-\frac{1}{2i}$增大;$\frac{1}{i}+\frac{i-1}{2i}=\frac{1}{2i}+\frac{1}{2}$减小. 随 i 的增大,$\frac{i}{2i+2}=\frac{1}{2+\frac{2}{i}}$增大;$\frac{i}{2i-2}=\frac{1}{2-\frac{2}{i}}$减小. 因此,不等式组的解实际上是最后一个不等式的解,即$\frac{n-1}{2n}<x<\frac{1}{n}+\frac{n-1}{2n}$或$\frac{n}{2n+2}<x<\frac{n}{2n-2}$的解.

故 n 为奇数时,有

$$\frac{1}{2}-\frac{1}{2n}<x<\frac{1}{2}+\frac{1}{2n}$$

n 为偶数时,有

$$\frac{n}{2n+2}<x<\frac{n}{2n-2}$$

所以 n 为奇数时,有

$$\arcsin\frac{\sqrt{3}(n-1)}{2\sqrt{3n^2-3n+1}}<\theta<\arcsin\frac{\sqrt{3}(n+1)}{2\sqrt{3n^2+3n+1}}$$

n 为偶数时,有

$$\arcsin\frac{\sqrt{3}n}{2\sqrt{3n^2+3n+1}}<\theta<\arcsin\frac{\sqrt{3}n}{2\sqrt{3n^2-3n+1}}$$

此外,若将结论修改为 P 不是 AB 的中点,在 $BP=a(0<a<1)$ 的地方将球击出,在正六边形的台球桌上,使球反射回边 AB,则按解法 1 或解法 3,即可得 θ 的范围为

$$\arcsin\frac{3\sqrt{3}}{2\sqrt{a^2+9a+27}}<\theta<\arcsin\frac{3\sqrt{3}}{2\sqrt{a^2+7a+19}}$$

§3　试题解法的探究

如图 9,设在各个边上的折射点为 Q,M,N,G,H,K. 根据入射角等于反射角的原理,六个三角形相似.

不失一般性,可设六边形边长为 2.

因为 P 为 AB 的中点,所以 $PB=1$. 令 $BQ=x$,则由相似三角形的性质,易得 $CM=\frac{2-x}{x}$,$DN=3x-2$,$EG=\frac{4-3x}{x}$,$FH=5x-4$,$AK=\frac{6-5x}{x}$.

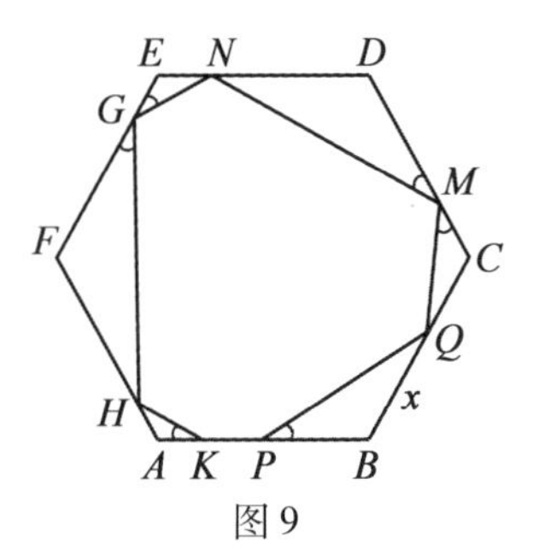

图 9

为了使各折射点在各边内,则必须有如下条件

$$\begin{cases} 0 < x < 2 \\ 0 < \dfrac{2-x}{x} < 2 \\ 0 < 3x-2 < 2 \\ 0 < \dfrac{4-3x}{x} < 2 \\ 0 < 5x-4 < 2 \\ 0 < \dfrac{6-5x}{x} < 2 \end{cases}$$

即

$$\begin{cases} 0 < x < 2 \\ \dfrac{2}{3} < x < 2 \\ \dfrac{2}{3} < x < \dfrac{4}{3} \\ \dfrac{4}{5} < x < \dfrac{4}{3} \\ \dfrac{4}{5} < x < \dfrac{6}{5} \\ \dfrac{6}{7} < x < \dfrac{6}{5} \end{cases}$$

其公共解为

$$\frac{6}{7}<x<\frac{6}{5}$$

在 $\triangle PBQ$ 中，由正弦定理、余弦定理得

$$|PQ|=\sqrt{x^2+1-2\cdot x\cos 120^\circ}=\sqrt{x^2+x+1}$$

$$\frac{\sin\theta}{x}=\frac{\sin 120^\circ}{PQ}$$

所以 $$\sin\theta=\frac{\sqrt{3}x}{2\sqrt{x^2+x+1}}=\frac{\sqrt{3}}{2\sqrt{1+\frac{1}{x}+\frac{1}{x^2}}}$$

这在 $\left(\frac{6}{7},\frac{6}{5}\right)$ 内为 x 的增函数，所以

$$\frac{\sqrt{3}}{2\sqrt{1+\frac{7}{6}+\frac{49}{36}}}<\sin\theta<\frac{\sqrt{3}}{2\sqrt{1+\frac{5}{6}+\frac{25}{36}}}$$

所以 $$\theta\in\left(\arcsin\frac{3\sqrt{381}}{127},\arcsin\frac{3\sqrt{273}}{91}\right)$$

特别地，当 $x=1$ 时，$\sin\theta=\frac{1}{2}$，$\theta=30^\circ$. 这时点 K 与点 P 重合. 试题解毕.

由不等式组的解，发现此解即为最后一个不等式的解. 这是偶然的，还是必然的呢？下面我们就一般情况进行探索：

设一块台球桌形状是正 n 边形 $A_1A_2\cdots A_n$. 一个球从 A_1A_2 的中点 P_1 击出，击中边 A_2A_3 上的某点 P_2，并且依次碰击 $A_3A_4, A_4A_5,\cdots,A_nA_1$ 各边，最后击中 A_1A_2 上的某一点. 设 $\angle A_2P_1P_2=\theta$，求 θ 的取值范围.

由上述不等式组的组成情况，我们可以看到这样一个规律：

(1)当 i 为奇数时,则第 i 对不等式(即边 A_iA_{i+1} 上的折射点 P_i 所满足的条件)为

$$0 < ix - (i-1) < 2$$

(2)当 i 为偶数时,则第 i 对不等式为

$$0 < \frac{i-(i-1)x}{x} < 2$$

即
$$0 < \frac{i}{x} - (i-1) < 2$$

下面用数学归纳法证明(1):

当 $i=1$ 时,(1)显然成立.

假定当 $i=2k-1$ 时(1)成立,即第 $2k-1$ 对不等式为

$$0 < (2k-1)x - (2k-2) < 2$$

如图 10,有

$$A_{2k-1}P_{2k-1} = (2k-1)x - (2k-2)$$

图 10

所以

$$P_{2k-1}A_{2k} = 2-(2k-1)x+(2k-2)$$
$$= 2k-(2k-1)x$$

由相似三角形的性质得

$$A_{2k}P_{2k} = \frac{P_{2k-1}A_{2k}}{x} = \frac{2k}{x} - (2k-1)$$

故

$$P_{2k}A_{2k+1}=2-A_{2k}P_{2k}$$
$$=(2k+1)-\frac{2k}{x}$$

所以

$$A_{2k+1}P_{2k+1}=x\cdot P_{2k}A_{2k+1}$$
$$=(2k+1)x-2k$$

因此,有

$$0<(2k+1)x-2k<2$$

$2k+1$ 是紧跟在 $2k-1$ 后面的奇数,所以(1)成立. 同理,(2)也成立.

由(1)得

$$1-\frac{1}{i}<x<1+\frac{1}{i}\quad(1\leqslant i\leqslant n,i\text{ 为奇数})$$

显然,当 i 增大时,$1-\frac{1}{i}$增大,$1+\frac{1}{i}$减小. 所以第 i 对不等式的解集必包含于第 $i-2,i-4,\cdots,1$ 对不等式的解集里.

同理,由(2)得:i 为偶数时,第 i 对不等式的解集也必包含于第 $i-2,i-4,\cdots,2$ 对不等式的解集里. 而且,很容易证明:第 $2k$ 对不等式的解集必包含于第 $2k-1$对不等式的解集里,又包含于第 $2k+1$ 对不等式的解集里. 所以 n 对不等式组成的不等式组的解集即为最后一对不等式的解集.

故当 n 为奇数时,不等式组的解集为

$$1-\frac{1}{n}<x<1+\frac{1}{n}$$

当 n 为偶数时,不等式组的解集为

$$1-\frac{1}{n+1}<x<1+\frac{1}{n-1}$$

因此,n 为奇数时

$$\theta\in\left(\arcsin\frac{\sqrt{3}(n-1)}{2\sqrt{3n^2-3n+1}},\arcsin\frac{\sqrt{3}(n+1)}{2\sqrt{3n^2+3n+1}}\right)$$

n 为偶数时

$$\theta\in\left(\arcsin\frac{\sqrt{3}n}{2\sqrt{3n^2+3n+1}},\arcsin\frac{\sqrt{3}n}{2\sqrt{3n^2-3n+1}}\right)$$

§4　台球与光线的数学秘密

很多人都强烈地感受到,在他们喜爱的体育活动中,棋牌和台球是学问最大的. 但若要这些人说出些具体道理来,他们多半会将棋牌与博弈论、概率论扯在一起. 不必否认,棋牌对科学理论有启发作用,但它本身和科学、数学其实少有共同之处. 倒是台球直接带来了不少有趣的问题,其中有的还相当深刻,部分原因大概也是由于台球与物理中的光线遵循相同的规律——反射定律——的缘故.

本节将一批有关台球或光线的结果做一介绍,以飨读者,它们引人入胜,却多鲜为人知.

一、直线边界与翻折法

今后除非特别说明,我们把台球视为一理想化的几何点,并以匀速(无摩擦地)沿某条直线前进,达到边界时发生反射,反射角等于入射角,这在边界是直线时是容易理解的,当边界是光滑曲线时,只要作出台球

击中边界某点处的切线和法线，也不难理解了. 稍麻烦的一点是当台球在一角内并正好击中角的顶点后该如何运动？对于这个问题，我们是这样规定的：当台球的轨线同角的两边都成锐角或直角时，台球按原路返回；如果轨线和角的某一边成钝角时，那么角的另一边就不起作用了，台球仍然按照严格的反射定律运动.

当边界为一条直线时，台球或一条光线只反射一次就“一去不复返”了. 在我们感兴趣的边界中，最简单的就是角了. 当我们把一个台球放在一个角形区域中，随便选定一个方向把台球击打出去，台球就会在角的两边来回反射. 然而奇怪的是，只要多试几次就会发现，台球尽管忙得“不亦乐乎”，反弹的次数仍然是有限的. 难道这是一条真理吗？

利用翻折法可以很容易地论证这一结论. 如图11，设台球自 P 处击出，在 $\angle AOB(=\theta)$ 内来回反射，依次击中 OB 于 $B_1,B_2,\cdots$ 各点，击中 OA 于 $A_1,A_2,\cdots$ 各点. 今将 OB 沿点 O 进行顺时针旋转，旋转角度依次为 $\theta,2\theta,\cdots$，如图得到各条射线 $OC_1,OC_2,\cdots$. 由反射定律知，如在 $OC_1,OC_2,\cdots$ 上分别取点 $A_1',B_2',\cdots$，使得 $OA_1'=OA_1,OB_2'=OB_2,\cdots$，则 $P,B_1,A_1',B_2',\cdots$ 在一条直线上. 如设 PB_1 所在射线为 l，问题就转化为：l 与 OB，$OC_1,OC_2,\cdots$ 诸射线有多少交点，就是台球 P 在 $\angle AOB$ 内的反射次数.

设 OA 所在直线将平面分成两部分，l 完全落在包含点 P 的那个半平面中. 但根据 $C_1,C_2,\cdots$ 的作法，总有一个 n，使 OC_n 在不含点 P 的那个半平面中，这时射线 l 已和 OC_n 无法相交了，所以相交次数是有限的.

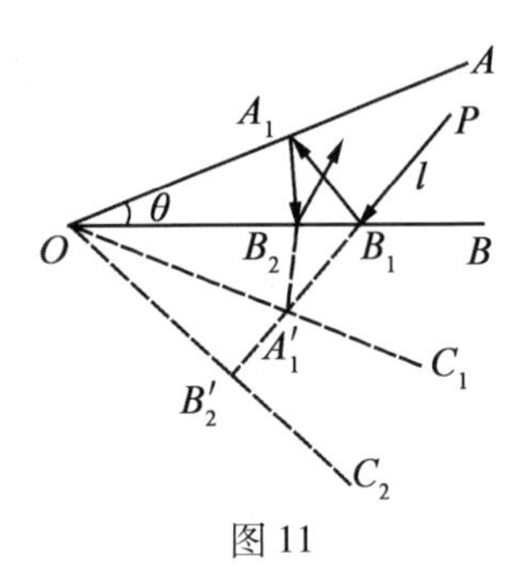

图 11

进一步分析表明,台球在$\angle AOB$内最多反射$\left\lceil \frac{\pi}{\theta} \right\rceil$次,$\theta$是弧度制表示(下同),“$\lceil x \rceil$”意为不小于$x$的最小整数.

关于角域台球问题在莫斯科数学竞赛中有一个题目:

在一个顶点为M的角内标出一个点A,由点A发出一个球,它先到达角的一边上的一点B,然后被反射到另外一条边上的点C,又被弹回到点A(反射角等于入射角,参阅图 12). 证明:$\triangle BCM$的外心位于直线AM上.

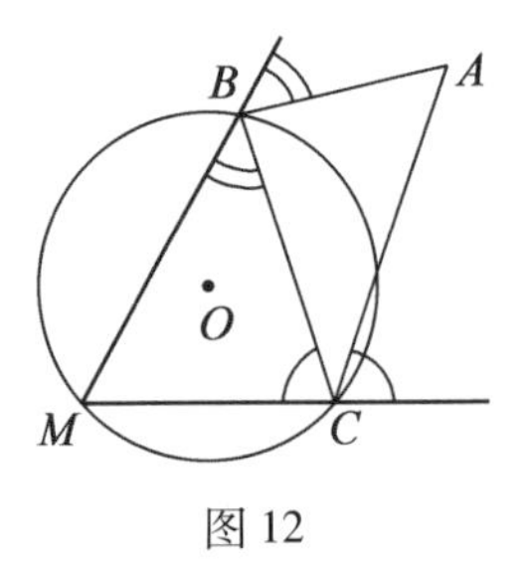

图 12

证法 1 作出$\triangle BCM$的外接圆,记其圆心为O. 将点M的对径点记作M'(图 13). 由于半圆上的圆周角

是直角,所以 $M'B \perp MB$,$M'C \perp MC$. 由于反射角等于入射角,所以 BM'是$\angle ABC$ 的平分线,而 CM'是$\angle BCA$ 的平分线,从而 M'是$\triangle ABC$ 的内心.

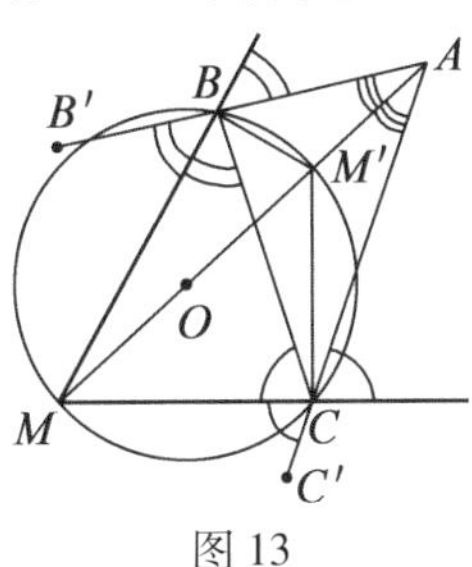

图 13

设点 B'在线段 AB 的延长线上,而点 C'在线段 AC 的延长线上. 易知,点 M 就是$\angle B'BC$ 的平分线与$\angle BCC'$的平分线的交点,因此它是$\triangle ABC$ 的与边 BC 相切的旁切圆的圆心,于是它在$\angle BAC$ 的平分线上. 这表明,直径 MM'连同点 O 一起都在$\angle BAC$ 的平分线 AM 上.

证法 2　记$\triangle BCM$ 的外心为 O. 我们有

$$\angle BMO = \frac{\pi}{2} - \frac{1}{2}\angle MOB = \frac{\pi}{2} - \angle BCM \qquad (1)$$

式(1)中的第一个等号是由于 $OB = OM$,亦即$\triangle MOB$ 是等腰三角形;第二个等号是由于$\angle BCM$ 为锐角,刚好与$\angle MOB$ 都是劣弧$\overset{\frown}{MB}$所对. 因若不然,点 A 在$\triangle BCM$ 内部,于是$\angle CBM$ 亦为非锐角,从而$\triangle BCM$ 有两个非锐角的内角,此为不可能.

设点 A 关于直线 MB 的对称点为 F,关于直线 MC 的对称点为 E(图 14). 由对称性知,$MA = MF$,$MA = ME$,所以点 A,E 和 F 都在同一个以点 M 为圆心的圆

上. 而由“反射角等于入射角”推知, E,C,B,F 四点共线. 于是就有

$$\angle BMA=\frac{1}{2}\angle FMA=\angle AEF=\angle AEC=\frac{\pi}{2}-\angle BCM \quad (2)$$

比较式(1)与式(2),即得

$$\angle BMO=\angle BMA$$

此即表明 M,O,A 三点共线.

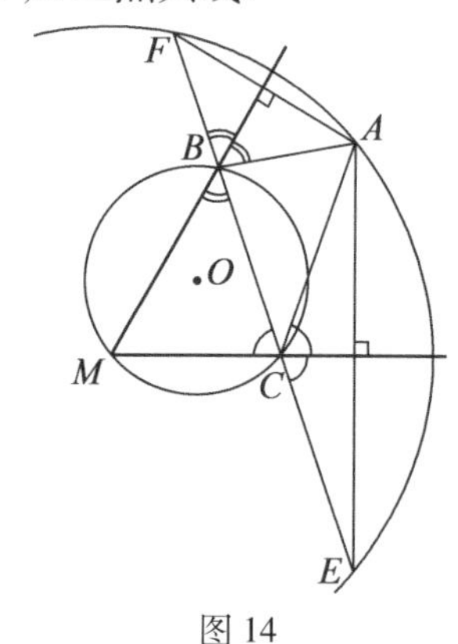

图 14

数学台球是数学中的一个非常有趣的分支,里面有许多未曾解决的问题.

除了角域之外,上述的翻折法还可以处理矩形区域内的台球反射问题,通常的台球桌就是矩形,只不过这里讨论的矩形没有底洞和腰洞,台球将永远地运动下去,和四边无数次相碰.

自然有人会提出这样的问题,把一个长为 b,宽为 a 的台球桌放在坐标平面(确切地说是在第一象限)中去,使其两边分别落在 x 轴和 y 轴上,并有一顶点为坐标原点. 现考虑台球桌中两个球 $P(x,y)$ 和 $Q(p,q)$

(其中(x,y),(p,q)分别表示 P,Q 的初始位置,下同),则 P 击中 Q 的条件是什么?(所谓“击中”,包括 P 直接击中 Q 或 P 经若干次在边上的反射后再击中 Q 这两种情形.)

用翻折法可以较简单地处理这一问题,我们对此略加说明. 称台球和球桌边第 $n-1$ 次碰撞与第 n 次碰撞之间所走过的那条“线段”为台球的第 n 路段,n 是自然数. 如图 15,台球和球桌边第一次碰撞发生在球桌的“右边界”,于是除了第 1 路段之外,整个台球轨迹(包括球桌)关于“右边界”作一次对称,可以看到,由反射定律,第 2 路段经“对称处理”后与第 1 路段在一条直线上了. 然后再看“对称”后的第 2 路段和第 3 路段在何边相触,就关于这个接触点所在边再作一次对称……如此进行下去,原先在台球桌内的无穷段路段就被展开成一条直线了. 下面再看图 16,将台球桌不断翻折,直至铺满整个平面,其中一些不标字母的点都是(p,q)翻折后的新位置. 不难看出,P 的轨迹如图 15 被展开成一直线后,当且仅当这条直线经过(p,q)的某个翻折位置,台球 P 就能击中台球 Q. 如设 P 的初始方向为 P 所在直线与 x 轴的倾角 θ,则易知 P 击中 Q 的充要条件为,存在整数 m,n,满足

$$\tan\theta=\frac{2mb+q-y}{2na+p-x}$$

或
$$\tan\theta=\frac{2mb\pm q-y}{2na-p-x}$$

另外,我们不仅能使 P 击中 Q,还能控制 P 在击中 Q 之前在四边反射的次数. 这一问题留给读者.

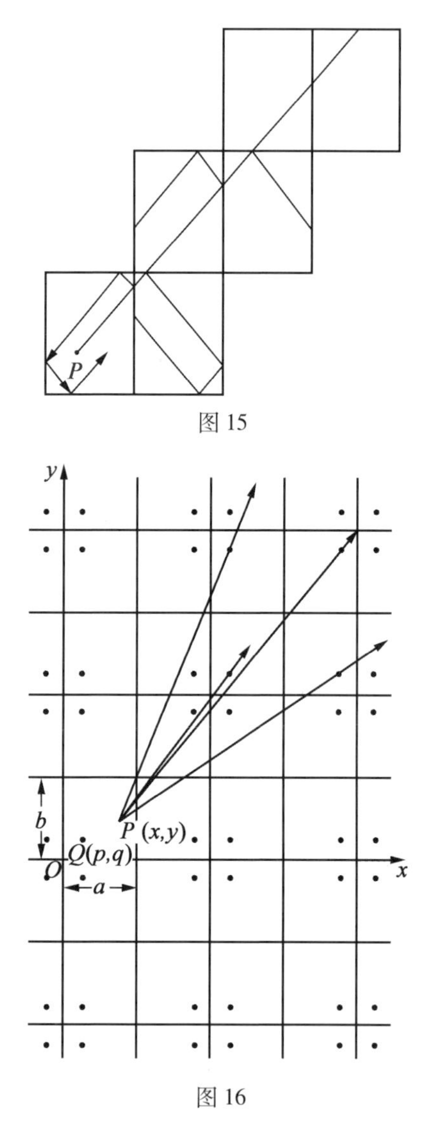

图 15

图 16

用完全类似的方法，读者可以证明，如图 17，台球 P

击中台球 Q,台球 Q 再击中台球 R 的一个必要条件是:

存在整数 s_1,t_1,s_2,t_2,使得行列式

$$\begin{vmatrix} x & 2s_1a \pm p & 2s_2a \pm m \\ y & 2t_1b \pm q & 2t_2b \pm n \\ 1 & 1 & 1 \end{vmatrix} = 0$$

其中"$\pm$"均可任选.

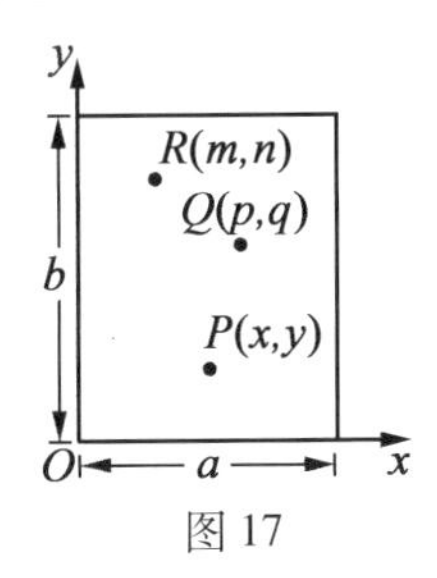

图 17

注意 R 的位置的任意性,我们可以使 R 的位置落在台球桌的底洞或腰洞的位置,即 $m=0$ 或 a,$n=0$,$\frac{b}{2}$ 或 b.

二、一些凸域内的台球轨线

除了角和矩形,要研究一个台球在某个凸域内运动的轨线,用翻折法一般不能很好地说明问题. 这意味着,一般情况下我们无法研究出一个台球击中另一个台球的全部轨线(除了圆等少数情形外). 事实上,目前研究较多的是台球的循环轨线.

所谓"循环轨线",其实不难理解,即台球在有限次反射后又走上了"老路",从而永远在有限段线段上运动. 像循环小数一样,我们不难定义循环轨线的"循环节".

前面我们已经证明,台球不可能在一角内反射无限次,从而没有循环轨线. 矩形中台球的循环轨线将在后面再讲. 对于别的凸域,又有什么结论呢?

这个问题就是本书的中心问题——斯坦因豪斯问题.

斯坦因豪斯的英文全名为 Hugo Dionisi Steinhaus,他是波兰人,1887 年 1 月 14 日出生. 1906 年进入利沃夫大学(这是波兰数学学派的一个据点)攻读哲学和数学,他还曾到过另一个世界数学中心德国的哥廷根大学聆听了希尔伯特、克莱因讲授的课程. 1911 年获博士学位,其论文题目为"迪利克雷(Dirichlet)原理的应用". 1920 年起在利沃夫大学任教授,1945 年回波兰的弗劳兹拉夫工作. 他是波兰科学院院士,1972 年2 月 25 日逝世.

斯坦因豪斯的主要研究领域是级数(幂级数、正交级数、傅里叶(Fourier)级数)理论、概率论、拓扑学、凸体理论等. 他还是一位重要的科普作者,中国学生比较熟悉的有《数学万花镜》《100 个数学问题》《又 100 个数学问题》,以及《什么是数学,什么不是数学》《谈数学的严格性》. 斯坦因豪斯早期与巴拿赫(Banach)合作研究泛函分析,他最出名的工作是一致有界原理,通常称为巴拿赫 - 斯坦因豪斯定理. 1935 年,他还与卡奇马日(S. Kaczmarz)合著了《正交级数论》.

首先,对于任何光滑凸域(即边界曲线处处有切线)来说,在每个方向上都恰好有两条直线(相互平行)均与该凸域相切. 这两条直线之间的距离称作凸域的宽.

凸域的最大宽即凸域的直径,最小宽称作凸域的宽度.

容易证明,凸域内至少有两条弦(即长度分别为凸域的直径和宽度)是位于两条不同的重法线上. 所谓重法线,即与凸域边界交点处的两条切线均垂直的直线. 于是这两条弦即成为台球的“来回轨道”(循环节为 2). 斯坦因豪斯观察到任何凸域的最大周长的内接三角形给出一循环轨线(即循环节为 3,以下类推),他问道,是否总有第二条三角形轨道. Croft 和 Swinnerton-Dyer 在一篇有趣的论文中运用“布里丹驴原则(Principle of Buridan's ass)”证实了这一点. 所谓“布里丹驴原则”,用数学语言来讲,就是如果一个动力系统允许有一些稳定的平衡位置,它也就允许有不稳定的位置. 类似地,我们有如下结论,光滑凸域内至少有 $\varphi(k)$ 条不同的凸 k 边形台球循环轨线. 这里 φ 是欧拉(Euler)函数,即 $\varphi(k)$ 为不超过 k 且和 k 互质的正整数的个数. 一个遗留的问题是:是否有多于 $\varphi(k)$ 条循环轨线呢?

当凸域是一凸多边形时,情况则不同. 如果台球在一个锐角三角形内运动,其内部恒有一条循环的三角形轨线(其顶点正是三条高的垂足),由光学知道,这条三角形轨线正是经过每边的三角形中周长最短的那一个. 通过微小的平移,我们可以得到无数族循环六边形轨线. 更进一步,Mazar 已证明,如果一凸多边形的每一个内角都是 π 的有理数倍时,循环轨线一定存在. 除此之外,我们知道得很少. 两个最明确的问题是:是否每一凸多边形都有循环轨线(特别对于钝角三角形);是否允许有任意循环节的循环轨线?

对于圆形区域,台球的轨线比较容易刻画,确实也存在任意循环节的循环轨线(当然循环节大于1),这一点读者不难自己完成证明.下面的那个结果知道的人就不多了,它的证明略为复杂(用欧拉 φ 函数).

问题如下:把一个圆 $n(n\geqslant 2)$ 等分,任两点连一条线段,于是我们得到一个 n 阶完全图.今问:这个完全图有多少个子图(即点和边均是完全图的一部分)是台球的循环轨线?

设循环轨线的条数是 $f(n)$,这一表达式比料想的复杂一些.让我们先来看看 n 较小时,$f(n)$ 的值.

显然 $f(3)=1$,$f(4)=3$,$f(5)=2$,$f(6)=6$.(图18)

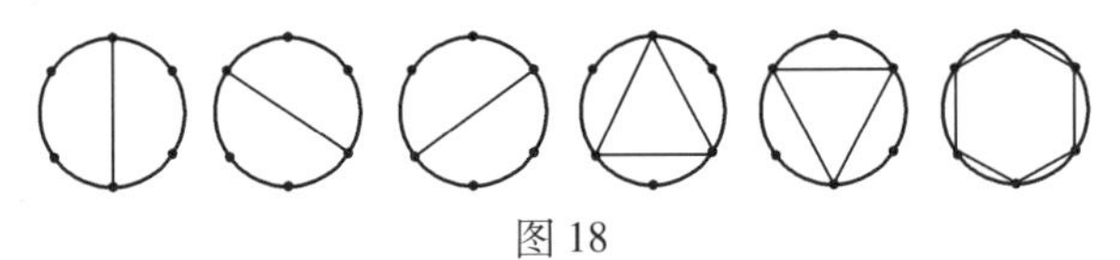

图 18

对于一般的 n,$f(n)$ 究竟等于多少?设 n 的标准分解式为 $p_1^{\alpha_1}p_2^{\alpha_2}\cdots p_m^{\alpha_m}$,则

$$f(n)=\left[\frac{1}{2}\prod_{i=1}^{m}\left(1+\alpha_i\left(1-\frac{1}{p_i}\right)\right)-\frac{3-(-1)^n}{8}\right]n$$

这里的“$\prod$”是连乘的意思.

由此易知,仅当 $n=p$(素数)或 p^2 时,有 $f(n)<n$;仅当 $n=6,8,15,27$ 时,$f(n)=n$;其余情况,$f(n)>n$.

6,8,15,27 这四个数为何如此特殊,笔者深感难解.

以上我们讨论的都是平面的情况，当区域是一个三维凸体时，情况又如何呢？斯坦因豪斯问道，对于任何多面体，是否存在循环轨线？Conwray 业已证明，所有的四面体内一定存在循环轨线. 他还说，在正四面体中有一个四边形循环轨线的连续族，两条循环六边形轨线. 在小于 8 的数字中没有别的对应轨线. 一个问题是，存在循环节任意大的循环轨线吗？还有一个是，循环节可以是奇数吗？

对于 d 维凸体，我们可以明显地提出类似的问题. Kuiper 证明该凸体至少有 d 条重法线. 而 Croft 和 Swinnerton-Dyer 的工作则蕴涵着，如果 d 维凸体是完全光滑的，则有两条循环的三角形轨线，猜测有 d 条三角形轨线. 更长的轨线看来更加难以分析.

更进一步的课题是如何从台球轨线来研究凸体的性质. 比如，De Temple 和 Robertson 证明，如果一个多边形内有一条循环轨线和该多边形相似，则该多边形必定是一个正多边形. Sine 也证明了一条有趣的性质：如果一个三维凸体的每一条轨线都在同一平面内，则该三维凸体必定是一球体. 在这方面有趣的问题还可以提很多，但它们大多远未解决.

三、稠密性

除了循环轨线之外，一般的轨线研究似乎更具意义. 这类问题通常具有很深的数学、物理背景，尤其是涉及遍历理论和动力系统的复杂思想. 近年来特别是混沌理论、非线性科学的兴起，使得这类问题处于好几门学科的中心位置，已有多位数学家因此而获得菲尔兹(Fields)奖章和沃尔夫(Wolf)奖. 当然在这里，我们只谈一些很初等、很直观的例子.

前面我们遗留下一个问题,即矩形中的台球轨线何时循环?在回答这一问题之前,让我们先引进“稠密性”这个概念.

当台球在一封闭区域中不停运动时,如果对于区域中任一点(包括边界点),总有某个时刻,台球离此点任意近(用数学语言来说,对任意的 $\varepsilon>0$,以该点为中心作圆(高维空间时作球),则台球总会穿过这个圆(或高维球)),就称此台球轨线是稠密的.

易知圆不允许有稠密的台球轨线,台球要么在一条直线上来回不停运动,要么就不能离圆心任意近. 另外,由椭圆的焦点等性质知,在椭圆中也不允许有稠密的轨线. 当然,循环和稠密并不相干,不循环也未必稠密,不稠密也未必循环. 聪明的读者或许已经看到,圆和椭圆正是说明这一点的绝好例子.

但是对矩形区域来说,不循环的轨线必稠密,不稠密的轨线必循环. 事实上,我们有如下漂亮的结果.

如图 19,把整个矩形区域放入直角坐标系,使其一个顶点在坐标原点 O,两边分别在 x 轴和 y 轴上.

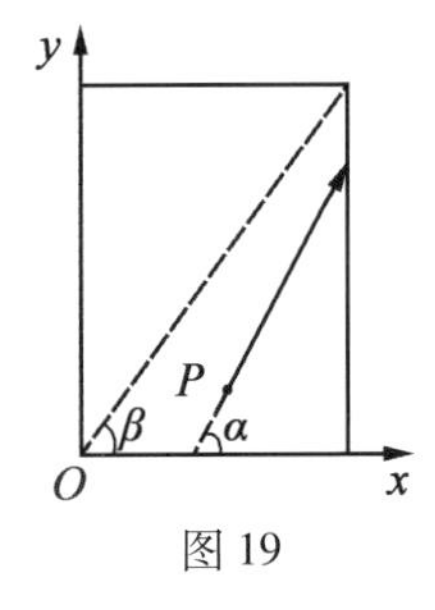

图 19

设矩形对角线和 x 轴的夹角为 β,又由对称性,不

妨设台球 P 的初始方向经反向延长后首先与 x 轴相交,且交角为 α. 我们有如下判断:

台球轨线稠密的充要条件是:$\frac{\tan\alpha}{\tan\beta}$为无理数;

台球轨线循环的充要条件是:$\frac{\tan\alpha}{\tan\beta}$为有理数(或无穷大).

从以上结论可以看出,判断台球轨线循环和稠密与台球的初始位置无关;另外,我们如把$\frac{\tan\alpha}{\tan\beta}$化成既约分数,还可以求出循环轨线的循环节,这一问题留给读者.

注意到有理数是可数的,无理数是不可数的,因此稠密轨线比循环轨线"多得多". 另一个结论是:在一个无底洞和腰洞的矩形球桌上放两个有大小的台球 P 和 Q,现将 P 朝任意方向打出去,则 P 击中 Q 的概率是100%.

上述两个充要条件的证明并不难,首先我们可以用抽屉原则证明:对任意无理数 θ,存在无限对整数 x,y,使 $y-x\theta$ 任意接近于零;在此基础上可进一步证明,存在 x,y,使 $y-x\theta$ 任意接近于某确定数 k. 于是,我们得到了克罗内克(Kronecker)定理,只要用此定理,结合翻折法,即可得出上述两个充要条件. 这件事情在哈代(Hardy)和赖特(Wright)的一本经典数论书中只不过是一个简单的推论而已.

除了矩形之外,要判断轨线的稠密性就大为困难. 一个引人注目的结论是 Zemlyakvv, Katok, Boldrighini, Keane 以及 Marchetti 证明,如果该区域是一凸多边形,

且每个内角均为 π 的有理数倍,则从内部每一点出发的初始方向中,除了可数个方向之外,其台球轨线均是稠密的,这个和矩形的结论相一致. 糟糕的是,对于某些三角形和多边形,我们甚至还未能断定有无稠密轨线. 但是大多数多边形(在贝尔(Baire)范畴意义上)具有稠密轨线这一点已被证明.

第2章 保守系统中的弹子球流

§0 从一道普林斯顿数学竞赛试题谈起

题目 考虑一个形状为等边三角形的台球桌.一个大小忽略不计的球初始时刻位于台球桌的中心.当被击打后,它按照击球的方向行进,并在碰到台边时按照光的反射定律进行反弹(图1).如果该球最终到达某一个台边的中点,则我们对它的整个行进路径的中点作标记.重复这个实验,我们最多能标记多少个点?

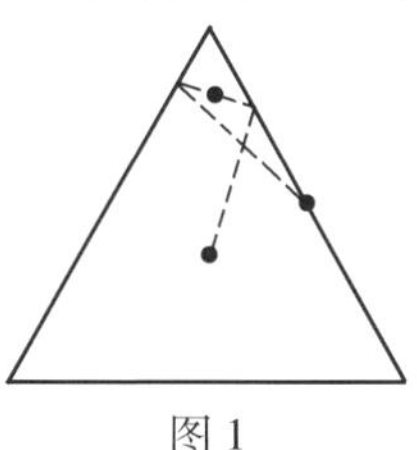

图1

解 答案为12.在图2中,原等边三角形是图2中左下角的小三角形,注意它的两条边已经变为了向量.

我们首先考虑一条边的中点 A. 我们可以继续沿任何边对三角形作反射,并且连接点 A 和平面内任何三角形中心的线段表示从 A 到原三角形中心的一条路径.

如图 2 所示定义两个向量:水平向量为 $\mathbf{1}$,另一个向量为 $\boldsymbol{v}$. 那么 A 可以被记为$\frac{1}{2}\cdot\mathbf{1}+\frac{1}{2}\boldsymbol{v}$. 对于"头朝上"的三角形(即与图 2 中左下角的三角形具有同样方向的三角形),它的中心可以被记为$(a+\frac{1}{3})\cdot\mathbf{1}+(b+\frac{1}{3})\boldsymbol{v}$,其中 a,b 为整数. 因此路径的中点为$(\frac{1}{2}a+\frac{5}{12})\cdot\mathbf{1}+(\frac{1}{2}b+\frac{5}{12})\boldsymbol{v}$. 我们可以移除整数部分,那么从任何顶点开始共有 4 个可能的向量:$\frac{5}{12}\cdot\mathbf{1}+\frac{5}{12}\boldsymbol{v}$,$\frac{11}{12}\cdot\mathbf{1}+\frac{5}{12}\boldsymbol{v}$,$\frac{5}{12}\cdot\mathbf{1}+\frac{11}{12}\boldsymbol{v}$,$\frac{11}{12}\cdot\mathbf{1}+\frac{11}{12}\boldsymbol{v}$. 但是我们需要考虑所有 3 个不同边的中点,并且将它们都反射到原三角形. 于是我们得到图 3 中的 12 个点.

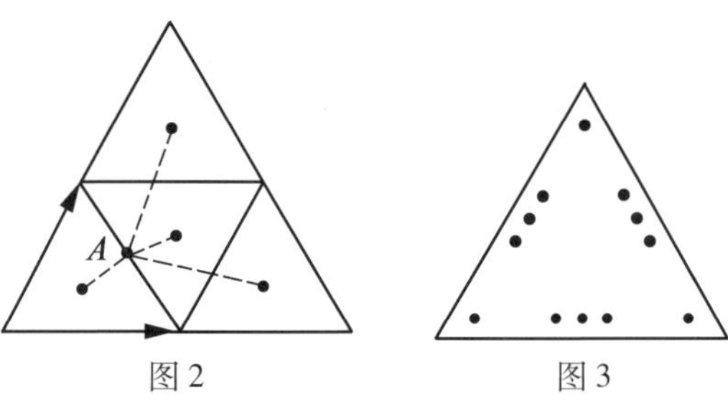

图 2　　　　图 3

对于"头朝下"的三角形(即与图 2 中间三角形具有

同样方向的三角形),它的中心可以被记为$(a+\frac{2}{3})\cdot\mathbf{1}+(b+\frac{2}{3})\boldsymbol{v}$. 最终我们得到同样的 12 个点.

上面的结论表明:12 个点足够覆盖所有这样的路径的情况.

这是 2012 年美国普林斯顿大学的数学竞赛试题.

中山大学教授王则柯曾在《书城》2000 年第 3 期上写过一段文字,介绍了这所大学的数学实力,题目为:“把孩子扔到河里”——普林斯顿大学数学系的崛起.

普林斯顿大学数学系和普林斯顿高等研究院数学部,在 20 世纪 30 和 40 年代迅速成为美国学术界冉冉上升的明星,不仅在拓扑学、代数学和数论方面独占鳌头,计算机理论、运筹学和新生的博弈论也处于领先地位.

第二次世界大战以后,大家都返回普林斯顿,科学和数学被视为战后创造更加美好的世界的关键. 由于数学在战争年代对于美国的贡献,政府似乎突然意识到纯粹研究的重要性,军方尤其如此,纷纷拨款资助纯粹理论方面的研究项目. 人们充满热情地筹划举办新的一届世界数学家大会,而上一届大会是在第二次世界大战前的阴郁日子里召开的.

1948 年秋天,数学系主任所罗门 · 列夫谢茨教授在西休息室召集所有一年级研究生谈话. 他用浓重的法国口音给他们讲述生活的道理,整整讲了一个小时. 他的目光锐利,情绪激动,大声说话,还不断用木头假手敲桌子. 他说他们是最优秀的学生,每个人都是经过精心挑选才来到这里来的，但是这里是普林斯顿，是真正的数学家从事真正的数学研究的地方，和这里已经成名的数学家相比，他们只不过是一群无知可怜的娃娃而已，普林斯顿就是要把他们培养成人. 他说他们可以自己决定要不要上课，他不会骂他们，分数没有任何意义，只是用来满足那些“讨厌的教务长”的“把戏”. 他对大家的唯一要求就是每天参加下午茶的聚会，在那里他们会见到世界上最了不起的数学家. 当然了，如果他们愿意，他允许他们参观高等研究院，看看他们能不能幸运地见到爱因斯坦、哥德尔或者冯・诺伊曼. 他一再重复的一点是，教授们绝对不会把他们当作娃娃. 对于年轻的研究生们，列夫谢茨的这番话无异于美国作曲家苏萨的鼓舞人心的乐曲.

毫无疑问，列夫谢茨富有企业家精神，精力充沛. 他在莫斯科出生，在法国接受教育，酷爱数学，却由于不是法国公民而不能选修数学，只好学习工程学，后来移民美国. 23 岁那年，他正在著名的电气公司西屋公司工作，一场严重的变压器爆炸事故发生，夺去了他的双手. 用了几年时间，他才得以康复. 其间他深感痛苦绝望，不过这场事故最终促使他下定决心，追求自己的真爱——数学. 他到克拉克大学攻读博士学位，那里因为 1912 年弗洛伊德曾经举办精神分析讲座而闻名. 不久，列夫谢茨和那里的另一位数学系学生相爱，两人结为秦晋之好. 毕业之后，他在内布拉斯加州和堪萨斯州教了将近 10 年的书，一直寂寂无闻. 课余时间他撰写了多篇具有原创思想的精辟的论文，渐渐引起学术界的重视，终于有一天，来自普林斯顿大学的一个电话邀

请改变了他的生活道路,他成为普林斯顿大学数学系首批犹太人教师之一.

列夫谢茨身材高大,举止粗暴,衣着毫无品味可言. 刚来的时候,因为人们常常在走廊里假装看不见他,避免和他打招呼,他常常自称为“看不见的人”. 但是他很快证明自己具有非凡的魄力,可以跨越远比这些过分拘谨、媚上傲下的同事更加困难的障碍,一手将普林斯顿数学系从一个“有教养的平凡之辈”培养成为令人景仰的“巨人”.

列夫谢茨招聘数学家只有一个条件,这就是原创性的研究. 他注重独立思考和原创精神高于一切,蔑视那些优美或刻板的证明. 据说他从来没有在课堂上做完一个正确的证明. 他的第一部全面论述拓扑学的著作提出了“代数拓扑学”的术语,影响深远,其主要价值在于体系,而不是细节,细节方面的确很有一些欠斟酌的地方. 有人传说他是在“一个休息日”里完成这部著作的,他的学生们根本没有机会帮助他整理.

他了解数学的绝大多数领域,但是他的演讲往往没有条理. 他的编辑作风专制而又有个性,使普林斯顿一度令人厌倦的《数学年刊》(Annals of Mathematics)一跃成为世界上最受推崇的学术刊物. 有人批评他将许多犹太学生拒之数学系的门外,他却辩解说这是因为担心他们毕业之后多半找不到工作. 不过,没有人可以否认他确实具有极佳的判断力. 他训斥别人,独断专行,有时相当粗暴,但是他的目标只有一个,就是为数学系赢得世界声誉,将学生们培养成和他自己一样坚韧不拔的真正的数学家.

列夫谢茨关于研究生数学教育的思想是以德国和法国名校的传统为基础的,很快就成为普林斯顿的指导纲领,其核心是尽快使学生投入到他们自己的研究工作中去. 由于普林斯顿数学系本身就积极从事研究工作,同时有能力对学生进行指导,使列夫谢茨的想法得以付诸实践. 博学固然是一项值得尊敬的才能,但这并不是列夫谢茨的目标,他更强调学生应该有能力提出自己独特的看法,做出重要的原创性的发现.

普林斯顿给予学生最大的压力和最小的管制. 列夫谢茨就说过,系里不要求学生非来上课不可. 数学系确实设立了自己的一整套课程,不过考勤和分数一样,几乎只是幻象. 到了在学生的成绩报告上打分的时候,一些教授会给所有学生判 C,另一些教授则会都给 A,装装样子而已. 一些学生根本不需要上一节课就可以得到分数. 的确,所谓成绩单只是用来讨好那些墨守成规、被称为"俗人"的教务长之辈. 比如数学系传统的口试,可能只是要求学生翻译一段法语或德语数学论文. 由于选定的论文充满数学符号,文字极少,即便没有多少外语知识的学生也能看出个大概头绪. 如果实在搞不清楚,只要学生许诺回去好好研读这份论文,老师们也可能判他合格. 真正要计算成绩的是"总考",包括 5 个题目,其中 3 个由数学系选择,另外 2 个由考生自行选择,在第一年的年终或第二年进行. 不过,即便是这次考试也可能依据每个学生的具体优缺点而进行设计. 举例而言,如果某个学生对一篇论文掌握得很好,而且他总共就知道这一篇论文,那么考官确实有可能大发善心,出题时自觉把内容限制在这篇论文里,好

让这个学生顺利通过考试.

学生动笔写毕业论文之前,最重要的事情是要找到一个高资历的教授支持自己选择的题目. 整个数学系的教师对学生都相当了解,如果他们认为某个学生实在没有能力完成自己的题目,列夫谢茨就会毫不犹豫地更换导师或干脆叫他离开. 因此,通过了总考的学生通常在两三年里就能取得博士学位,而在哈佛则需要六七年,甚至更长的时间.

王则柯在 1981 ~ 1983 年初次到普林斯顿大学进修的时候,当时的系主任项武忠教授还在津津乐道列夫谢茨建立的传统:普林斯顿数学系把研究生"扔到河里",游过去的,就成为博士. 普林斯顿总是有最好的教授,最好的访问学者,他们授业解惑,可以说是有问必答,但是决不关心考试. 如果你自己不思进取,没有人会逼迫你. 普林斯顿总是开最先进的课,每周好几次请世界一流的数学家讲演自己的最新发现. 普林斯顿提供最好的环境,是不是能够利用这个环境,是研究生自己的事情.

至于列夫谢茨,教授们都有点儿夸大地说,正因为他从来没有在课堂上完整地做完一个正确的证明,他的学生不得不把他的漏洞补上,从而练就了本事. 如果教授在课堂上讲的都已经十分正确、十分完备,而学生能够把教授所讲背得滚瓜烂熟,那不叫本事. 懂得高等教育的人都知道,如果每一步都要讲解得十分完备,你根本不可能在大学讲授一门像样的课程.

§1 多边形弹子球

考虑一个多边形 P 内的弹子球流,此处的 P 应满足性质:P 关于它自己的边的所有的反射的复合形成平面的一个铺砌. 对这样的多边形,才有可能按类似于等腰直角三角形的方法同时地扩展弹子球流的所有轨道. 然后,需要找到一个和正方形 S 相对应的图形,即一个好的铺砌平移群的基本域使得可以把平面上的完全扩展替换成限制在一个紧集内的部分扩展.

满足这一性质的多边形是非常少的. 除了等腰直角三角形之外,还包括矩形、等边三角形和一个角为$\frac{\pi}{6}$的直角三角形. 对这些情形,为了能够找到一个和正方形 S 相对应的图形,在每一个铺砌中,考虑仅相差平行移动的区域所成的类,然后从每一类中以适当的方法选出一个代表,结果如图 4 所示. 第一种情形有四类,第二种有六类,最后一种有十二类. 自然地,第一种情形的基本域为把边长扩大两倍所得的矩形 R,其他两种情形都是正六边形(图 5).

我们分别研究这些系统. 对三角形 T 中的弹子球流的分析基本上可以逐字地翻译成矩形的情形,而且有少许简化. 实际上,边长加倍后的矩形 R 可以自然地看作环面,如果将其对边即经由平行移动所得的边当作同一条边的话,从而原来矩形内的弹子球流就扩

展为该环面上的线性流.

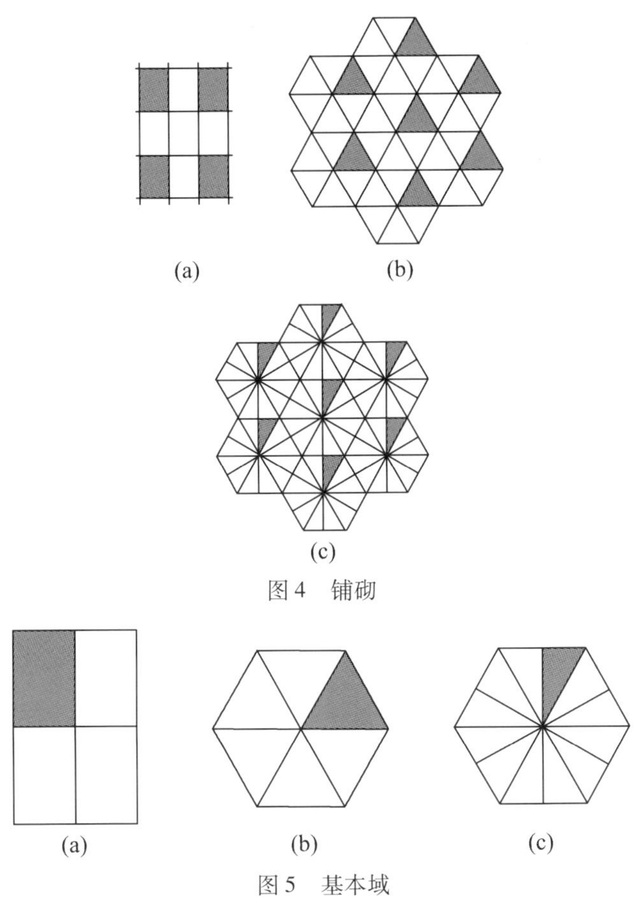

图 4　铺砌

(a)　(b)　(c)

图 5　基本域

其他两种情形也可以转化为环面上的线性流，这是因为任何平行四边形都可以经由平行移动使对边等同而得到一个环面. 这只不过相差一个平面上的非奇异线性坐标变换. 我们可以找到这两个铺砌平移群的形如一个角是$\frac{\pi}{3}$的平行四边形的基本域(图 6),因此三角形内的弹子球流就可以转化为对应的基本域上的线性流.

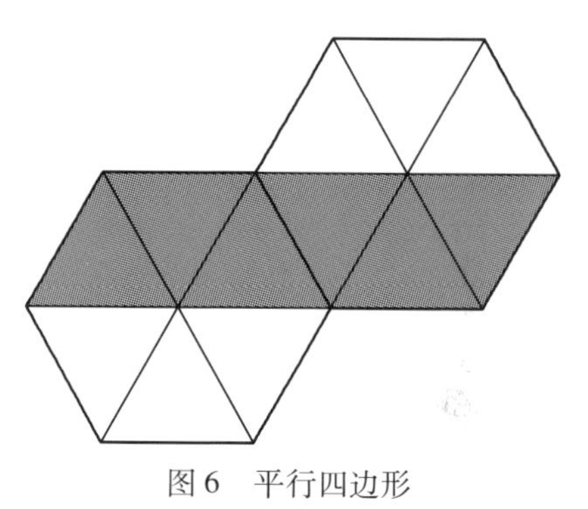

图 6　平行四边形

§2　弹子球:定义和例子

前面研究了一类既可看作是力学又可看作是光学的系统. 力学的模型是一个质点在一个限定的区域内运动并与墙面发生弹性碰撞,所以这样的系统叫作弹子球流. 这一模型起因于区间上简单的两质点系统. 事实上,在许多其他情形下也会产生弹子球流. 不管它们是否是由具体的模型而得到的,研究弹子球都有着十分重要的意义,原因在于:

在这个问题中,动力行为中通常是很难对付的形式方面的问题几乎完全消失了,只有我们感兴趣的定

性问题需要考虑[1].

虽然它们是不易处理的动力系统复杂性的代表，但详细研究它们还是可行的. 弹子球系统是由一条线段上的两个质点构成的物理系统产生的. 这对区间上任意多个质点的情形也成立.

本节和下节的主要目的是研究一类不同于前面所描述的那样的弹子球. 这里研究凸弹子球，即弹子球的桌面有一个光滑的凸边界，比如圆周或椭圆. 然而，并非本节所谈的一切结论都依赖于凸性.

一、弹子球流

考虑一个质点（或一束光线）在平面上以 B 为边界的有界区域 D 内的运动. 在传统的弹子球游戏中，这个区域是矩形，这个运动的轨道是 D 内的一个线段序列，每两条相邻的线段有一个共同的边界点，且在这点处，两条线段和边界的切线所成的角相等，即入射角等于反射角，恰如镜面反射（图 7）. 如果轨道遇到边界上的拐角，则它终止于此（因为在这点的反射没有定义）. 我们可以想象成桌面在拐角处有袋子，运动的速度是常量（没有摩擦）. 每条轨道完全决定于选定的初始位置和运动的初始方向，也就是说，系统的相空间是以 D 的内点为基点的所有具有固定长度（例如，单位长度）的切向量和边界点处指向区域内部的向量的集合. 我们可以用基点的欧几里得（Euclid）坐标（x_1，x_2）

---

① George David Birkhoff. Dynamical Systems. American Mathematical Society Colloquium Publications 9. American Mathematical Society，Providence，RI，1966，Section VI. 6，P. 170.

和方向向量的循环角坐标 α 来表示这样的向量.

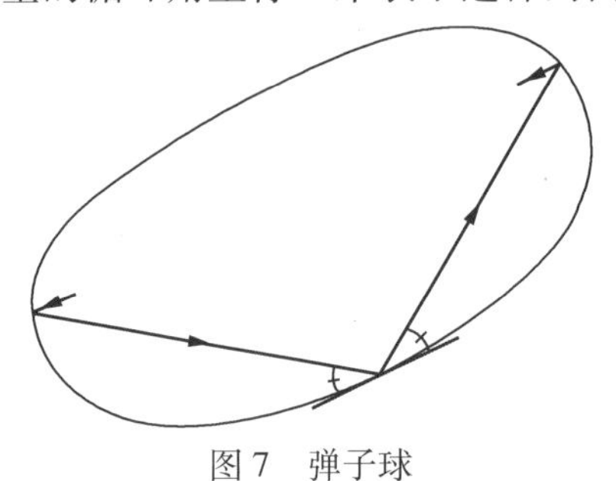

图 7　弹子球

二、弹子球映射

弹子球流是一个有连续时间参数的系统,但是在反射发生的时刻会在方向上有一个不连续的变化. 对凸的弹子球,这是不可能的,此时用不同的描述方法会更好:忽略与边界的两次碰撞之间的时间段而采用离散的时间,也就是说,构造一个截面映射,这个映射将一个碰撞时的状态(边界点及该处指向内部的向量)映到由它所确定的下一个碰撞时的状态. 这并没有丢失信息,因为两个相邻的碰撞点确定它们之间的直线段,所以只需考虑边界点及该点处指向内部的向量,并在这样的集合 C 上定义映射 ϕ,将一个初值条件映到下一个碰撞点及反射的方向. 这种描述即使在边界有拐角的情形也是合理的,只是在拐角处没有反射的定义.

映射 $\phi: C \to C$ 通常称为弹子球映射,它可更详细地描述如下:支点在 $p \in B$ 处的向量 $\boldsymbol{v} \in C$ 确定了一条有向直线 l,这条直线与边界 B 有两个交点 p 和 p'. 则 $\phi(\boldsymbol{v})$ 是一个支点在 p',指向 l 关于 B 在点 p' 的切线的反射方向的向量. 相空间 C 中一个自然的坐标是 B 上的循环长度参数 $s \in [0, L)$ 和与正向切线方向所成的

角 $\theta \in (0,\pi)$，其中 L 是 B 的全长，所以相空间是一个柱面. 注意到，当点 p 不动而向量的角度增加时，p' 是单调增加的（图 8）. 这说明柱面上定义的这样的映射具有扭转性质.

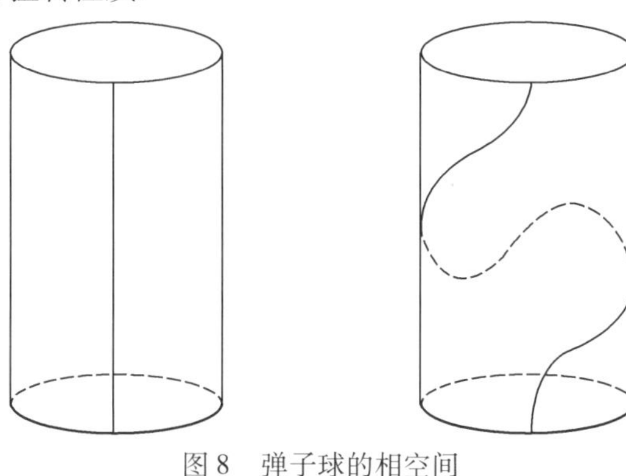

图 8　弹子球的相空间

柱面上的弹子球映射不能完整地描述弹子球流，因为它没有给出两次碰撞之间的时间. 但是这可以按照两次碰撞之间的线段的长度计算出来.

三、弹子球模型

本章的主题凸弹子球，也是由其他问题的恰当模型导出的. 伯克霍夫（Birkhoff）的陈述是对以下模拟做出的. 考虑一个在凸曲面上自由运动的质点，此质点不受外力的作用，即质点只是被约束在曲面上，且仅依靠本身的惯性运动. 它的一个物理实现的方法可由具有曲面形状的一个洞给出，这个洞静止于无重力的环境下. 一滴水银按描述的方式在这个洞里运动（它被离心力约束在洞壁上）. 描述这种约束与自由运动相混合的另一种方式是运动的加速度总是垂直于曲面（因为作用在质点上仅有的力是约束力）.

如果问题中的曲面是一个三维的椭球面，且我们用使一个坐标轴变短的方法把它压平，则当最短轴收缩到零长度时的极限动力行为与在所得到的椭圆形弹子球桌上的动力行为相同. 虽然这不是在任意的椭球面上的自由运动的确切的模型，但椭圆形弹子球桌上的弹子球的动力行为与在椭球面上的自由质点运动的动力行为有许多相似之处，而前者更容易描述. 在其他的弹子球桌上的弹子球和相应曲面上的自由质点运动之间也有相似之处. 弹子球模型带来的发现，其在相应曲面上自由质点运动的类似结果也可能会随后证明.

四、圆周

最简单的凸弹子球桌的边界是圆周（图 9）. 令 D 是单位圆盘，其边界是 $B=\{(x,y)\mid x^2+y^2=1\}$. 弹子球映射可明确地表示为关于沿圆周的循环长度参数 s 和沿切线正方向的角 $\theta\in(0,\pi)$ 的表达式. 所以，弹子球映射的相空间是柱面 $C=S^1\times(0,\pi)$，s 在 C 中扮演角坐标的角色.

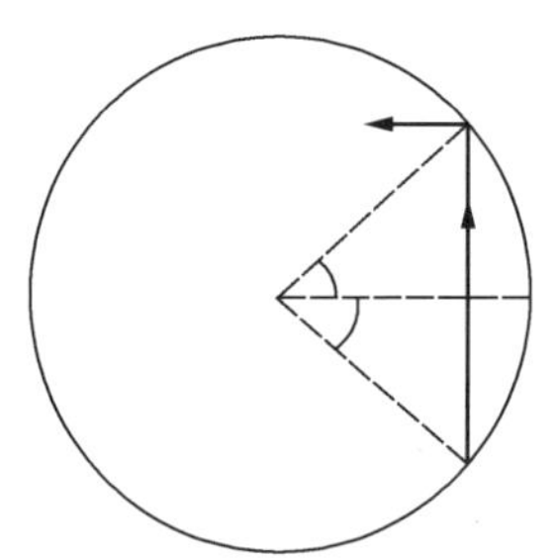

图 9　圆周上的弹子球映射

1. 弹子球映射

弹子球映射 ϕ 定义为 $(s',\theta')=(s+2\theta,\theta)$，于是角度 θ 是一个运动常量（即沿每一条轨道是一个常

量). 这意味着柱面 C 分解成了 ϕ 不变的圆周 $\theta=\theta_0$. 这个不变圆周上的动力行为是一个角度为 $2\theta_0$ 的旋转,且对任何一个弹子球轨道,相继与边界 B 碰撞的点就在 B 经 $2\theta_0$ 旋转的轨道上. 接下来,若 θ_0 与 2π 是可公约的(即$\frac{\theta_0}{\pi}\in\mathbf{Q}$ 或 θ_0 是有理度数的),则圆周上的弹子球是周期的,轨道是星形的内接正多边形. 若 θ_0 与 2π 是不可公约的,则所有轨道在圆周上稠密(图 10).

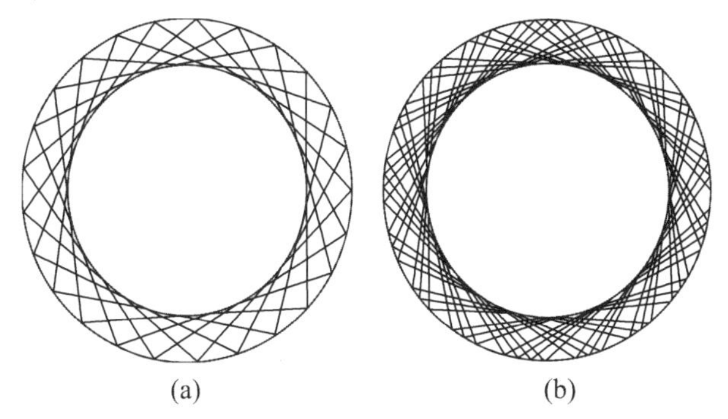

图 10　圆周上的弹子球映射的有理轨道和无理轨道段

2. 焦散曲线

不变圆周 $\theta=\theta_0$ 对应于所有与边界 $B=\{(x,y)\mid x^2+y^2=1\}$ 成 θ_0 角的射线. 这些射线的并是平环 $\cos^2\theta<x^2+y^2<1$,它的内边界 $x^2+y^2=\cos^2\theta$ 称为关于不变圆周的焦散曲线. 这个平环的余集是所有这些射线的左半平面的交集. 焦散曲线是定义它的所有射线的包络,即它是和射线族中每一条都相切的光滑曲线,或者在这种情形下,它具有如下性质:若一条射线和它相切,则这条射线在弹子球桌边界上的反射射线也和它相切.

焦散曲线的一个极端情形是圆形弹子球桌面的中心. 任意穿过中心的射线又被反射回来,如果在某种程度上说这时有焦散曲线的话,那它就是一个单点,是一个焦点. 这提示我们将焦散曲线理解为不能很好聚集的焦点的自然推广. 顺便指出,在这种情形下,柱面上的弹子球映射的不变圆周是 $\theta = \frac{\pi}{2}$,由周期 2 轨道构成. 由弹子球映射的公式和几何解释,这是显然的.

3. 变分法

这里,我们最好注意到弹子球轨道相继在边界上碰撞的点之间的关系的另一种描述方式. 若给定轨道上的两点,且知道中间点的大致位置,则利用反射定律可确定中间点的准确位置(若不知道中间点的大致位置,就会有两种相反的位置选择). 描述在中间点处两条射线与切线所成的角相等的规则的另一种方式是:中间点的选择使得得到的两条射线的长度和最小. 事实上,如果角不相等,则将点向较小的角的方向移动,射线长度的和会变小. 注意,这个结论并不依赖于圆周. 事实上,这种在给定端点的情形下,通过减小某种东西而寻找轨道的方法在拉格朗日(Lagrange)力学中已经用过了,在那里是减小一个作用. 这不是巧合,而是和弹子球的力学本质有关. 若把弹子球看成一个光学系统,我们也可把变分法描述为费马(Fermat)原理:光线沿着最短路径到达它的目标.

五、椭圆

考虑椭圆形区域 D,其边界为

$$B = \left\{ (x, y) \middle| \frac{x^2}{a^2} + \frac{y^2}{b^2} = 1 \right\}$$

1. 周期点

与圆周的情形不同,椭圆形的弹子球运动没有由穿过中心的周期 2 轨道形成的不变圆周,但是它在椭圆的对称轴上有两个特殊的周期 2 轨道,这是仅有的与椭圆交成直角的两条直线. 长对称轴的端点是椭圆上距离最长的唯一点对. 类似地,短对称轴的端点可描述成端点间距离的鞍点. 长轴的长度等于椭圆的直径,即区域上两点间的距离的最大值. 短轴的长度等于椭圆的宽度,定义为一个包含椭圆的带形区域(介于两平行直线之间)的宽度的最小值,即椭圆形桌面可通过的最窄的通道的宽度.

2. 生成函数

这些特殊轨道的极值性质将再次出现并提出如下定义:用弧长参数 s 将边界 B 参数化,并考虑 B 上以 s 和 s' 为坐标的点 p 和 p'. 设 $H(s,s')$ 为 p 和 p' 之间的距离的相反数,H 称为弹子球的生成函数(图 11). 所以那条长的周期 2 轨道对应于 H 的极小值,而短轨道对应于 H 的鞍点. 我们将看到,任意凸弹子球至少有两个周期 2 轨道都可类似地描述成直径和宽度. 我们再次注意与拉格朗日力学中变分法的相似性.

顺便指出,对圆周来说,生成函数为

$$H(s,s') = -2\sin\frac{1}{2}(s'-s)$$

正如所期望的那样,它有许多临界点,即对应于所有的直径,使得 $s'-s=\pi$ 的点 (s,s').

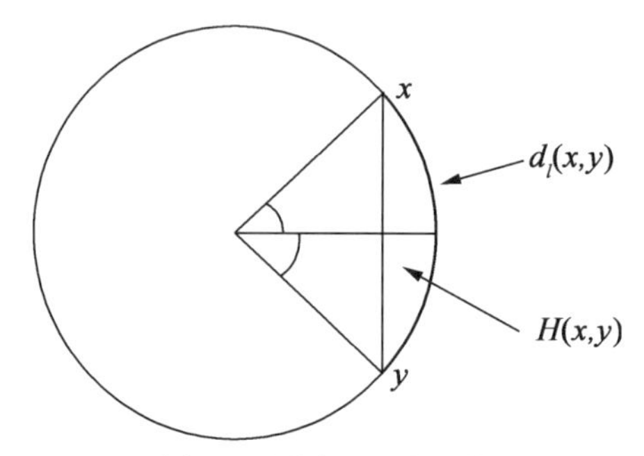

图 11　圆周的生成函数

3. 焦散曲线

椭圆形的弹子球桌面有许多焦散曲线.

命题 1　每个较小的共焦椭圆(即有相同的焦点的椭圆)都是焦散曲线.

证明　为了证明这一点,考察图 12. 它展示了一个以 f_1 和 f_2 为焦点的椭圆形弹子球桌面,一条和焦点间的联结线段不相交的射线 p_0p_1 及它在弹子球映射下的象 p_1p_2. 于是这两条射线在点 p_1 与切线所成的角相等,同时,射线 f_1p_1 和 p_1f_2 也是某条轨道的一部分,它们在点 p_1 与切线所成的角也相等. 所以 $\angle p_0p_1f_1$ 和 $\angle f_2p_1p_2$ 相等. 现在,以 p_0p_1 为轴反射 f_1p_1 得 $f_1'p_1$,以 p_2p_1 为轴反射 f_2p_1 得 $f_2'p_1$. 于是得到两个和原来研究的角相等的角. 因此 $\triangle f_1p_1f_2'$ 是 $\triangle f_1'p_1f_2$ 绕点 p_1 旋转而得到的,所以 $l(f_1f_2')=l(f_1'f_2)=L$.

现在知道,p_0p_1 是共焦椭圆在点 a 的切线,因为 af_1' 在 p_0p_1 下的反射象是 af_1,而这仅对由 $l(f_2x)+l(xf_1)=l(f_2f_1')=L$ 所定义的包含点 a 的共焦椭圆的切线的反射成立. 类似地,b 也是同一个椭圆 $l(f_1x)+l(xf_2)=l(f_1f_2')=L$ 上的点.

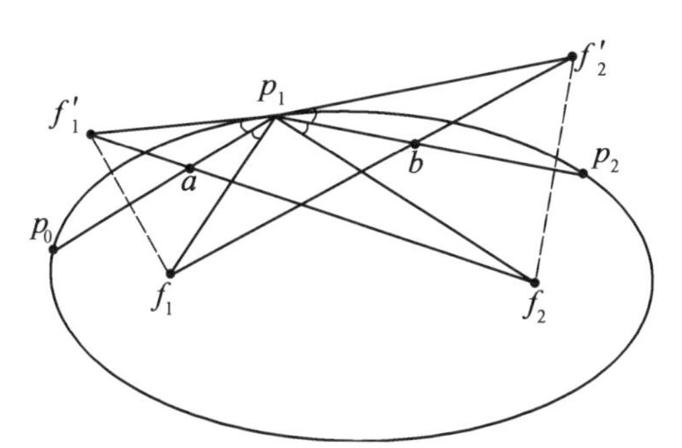

图 12　共焦椭圆是焦散曲线

所以,对应于与给定的共焦椭圆相切的射线族,在弹子球的相空间 C 中有一族不变圆周. 这些圆周可参数化,例如,用相应的椭圆形焦散曲线的(正的)离心率.

这仅是一半的图形.

命题 2　相应于任意一条穿过两个焦点之间的射线有一条焦散曲线,这条焦散曲线由有公共焦点的(两支)双曲线构成.

证明　与前面的证明几乎相同. 图 13 给出了进行同样构造所需要的图形. 注意通过绕点 p_1 旋转相应的三角形可得 $l(f_1 f_2') = l(f_1' f_2) = \Delta$,且 a 和 b 都是双曲线 $l(f_1 x) - l(f_2 x) = \pm\Delta$ 的切点(这里 a 和 b 对应于相反的符号).

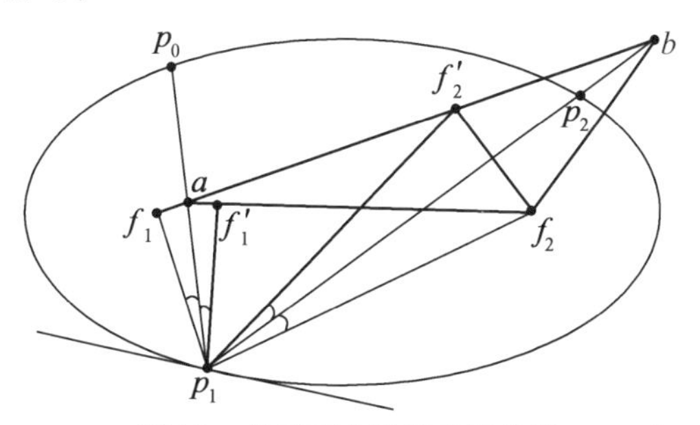

图 13　共焦双曲线是焦散曲线

相继的切点总是位于双曲线的不同的分支上(图14). 相应地,每一条焦散曲线在 C 中产生一对不变闭弧(用相应双曲线的(负)离心率参数化),且它们在弹子球映射的作用下互换. 这一不变集族与对应于正离心率的不变集族由对应于穿过焦点的射线族的曲线分离开来(图15). 不包括在这个分类中的唯一的轨道是对应于椭圆短轴的周期2轨道.

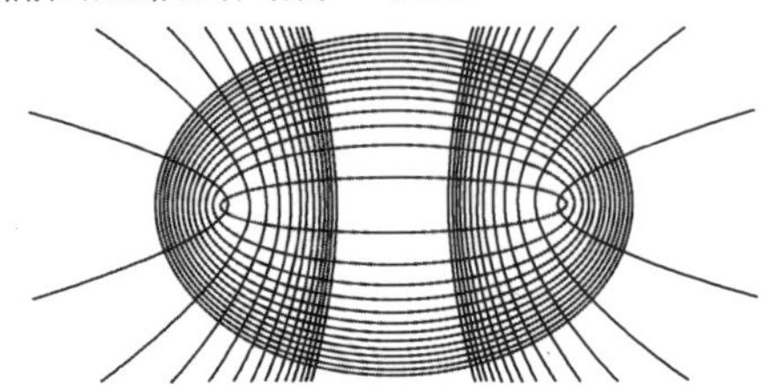

图14　具有共焦椭圆和双曲线的椭圆弹子球

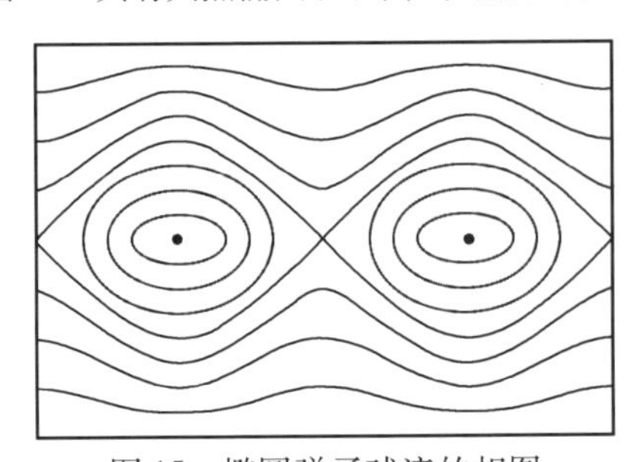

图15　椭圆弹子球流的相图

4. 不变圆周

为了研究对应于一个共焦椭圆形焦散曲线的不变圆周上的运动,我们利用以下事实:如果用 $-\cos\theta$ 代替 θ 作为第二个坐标,则弹子球映射保持面积(下节中命题1). 由于不变圆周形成对应于椭圆形焦散曲线的一个族,所以对应的离心率在这部分相空间上是一个不变函数. 面积的保持和不变函数的存在允许我们

按如下方式将这些曲线参数化：沿每条曲线的运动（在弹子球映射下）是一个圆周的旋转．所以，这个集合上的弹子球的动力行为可被完全理解：这个集合是两两不相交的不变圆周的开集，每个圆周的运动都是关于适当参数的旋转．

注　旋转数是变化的（通过检验极端情形和通过连续性）．

对于这种直线形台球反射问题有一个好的特例，是中国首届大学生力学竞赛试题的第 8 题．

试题　质量均为 m 的两质点 P_1，P_2，沿一光滑直线 Ox 运动，其位置在距离为 l 的两墙壁之间，如图 16 所示．设质点之间，质点和墙壁之间的碰撞都是完全弹性的．问在什么条件下，经过一段时间后，两质点的位置和速度同时回到初始状态？若发生两质点同时与一侧壁碰撞的三体碰撞时，则视为无限短时间内相继发生的两体碰撞．

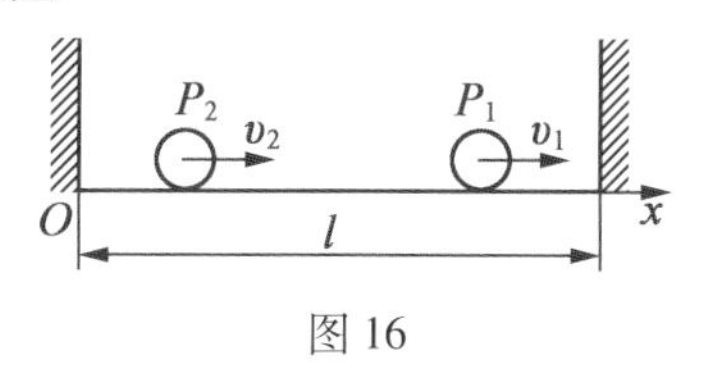

图 16

解　以质点 P_1，P_2 在 Ox 轴上的坐标 x_1，x_2 作为平面 x_1Ox_2 中一点 P 的坐标 (x_1, x_2)，这样，质点组 P_1，P_2 的位置和速度可由点 P 在坐标系中的位置和速度表示（图 17）．

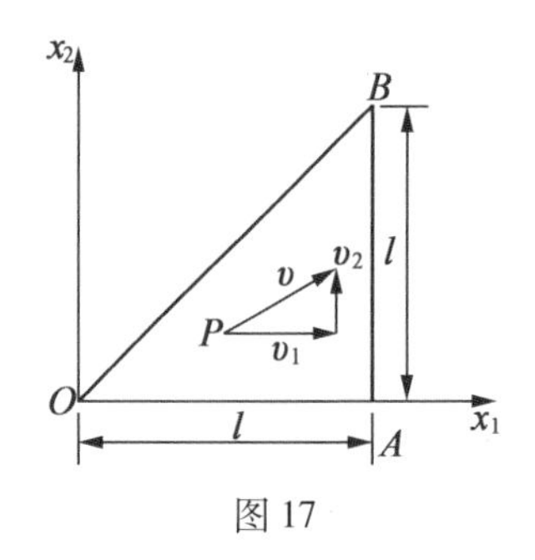

图 17

因 $0 \leqslant x_2 \leqslant x_1 \leqslant l$，故点 P 限制在 $\triangle OAB$ 中运动. 点 P 与边 OA、边 AB 和边 OB 的碰撞，实际上分别是质点 P_2 与左壁，质点 P_1 与右壁，以及两质点之间的碰撞. 因碰撞是完全弹性的，故质点与壁碰撞时速度反向，P_1 与 P_2 碰撞后交换速度. 所以，对应的点 P 的碰撞是相对 OA，OB 和 AB 的完全弹性反射. 没有碰撞时，v_1 和 v_2 为常数，对应于点 P 的轨迹为直线. 以点 P 与边 AB 碰撞为例（即质点 P_1 与右壁碰撞），若将碰撞后的 $\triangle OAB$ 与点 P 的位形相对碰撞壁 AB 作镜面反射（图 18），则点 P 碰撞前后的轨迹仍连接成一直线，速度保持不变.

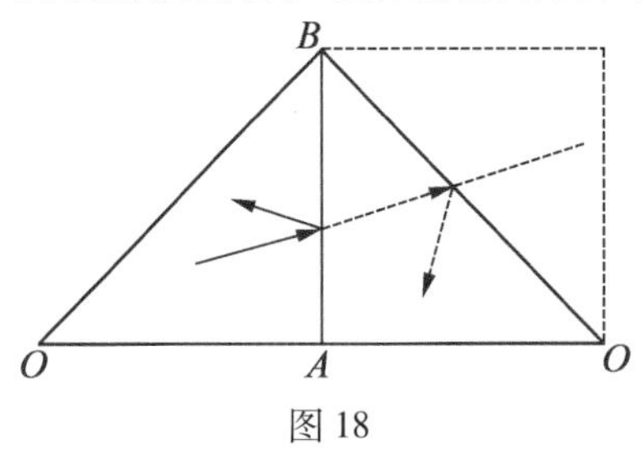

图 18

图 19 中有阴影的三角形表示经反射后和原来的 $\triangle OAB$ 一致的三角形. 点 P 运动到阴影三角形中相同位置的 P' 时，表示两质点 P_1，P_2 回到了初始状态，此时两者的坐标差为

$$\Delta x_1 = 2(m+n)l, \Delta x_2 = 2nl$$

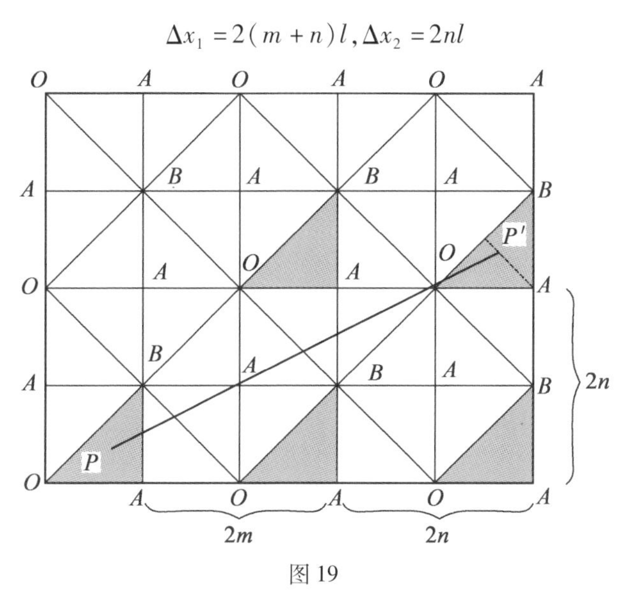

图 19

由图 17,两质点的速度比为

$$\frac{v_2}{v_1} = \frac{\Delta x_2}{\Delta x_1} = \frac{n}{m+n}$$

这表明质点组做周期运动的必要条件是它们的速度比为有理数(m,n 为整数),包括比值为∞($v_1 = 0$)和 0($v_2 = 0$),与质点组的初始位置无关. 不难说明这一条件也是充分的.

赛后专家给出的点评是:此题是质点动力学问题,难度很大,不是直接用动力学的方程求解,而是把问题转化为镜面反射问题,处理问题的方法和结论都很出人意料. 这种问题不是常规的力学问题,没有一定之规,全凭对问题的独到理解. 有能力的学生可以借鉴这种处理问题的方法,把某些看似无法处理的问题,变换成自己可以处理的问题.

思考题

1. 描述矩形中的弹子球映射.

2. 描述直角三角形中的弹子球映射.

3. 描述介于两个同心圆之间的平环上的弹子球的运动.

4. 描述四分之一圆周$\{(x,y)\in\mathbf{R}^2 \mid x>0,y>0,x^2+y^2\leqslant 1\}$上的弹子球的运动.

5. 证明:通过椭圆的焦点的弹子球轨道在主轴上聚集(因为相同的结论对反向轨道也成立,故这些轨道形成穿过两个焦点的周期 2 轨道的一个异宿圈或者分界线).

6. 寻找椭圆面内弹子球流的一个初积分,它是坐标和速度的二次函数.

§3　凸弹子球

对圆形和椭圆形桌面上的弹子球的研究说明,当研究其他形状的弹子球桌面上的弹子球的时候应该寻求的几种特征,例如,周期点和焦散曲线,并且为我们提供了几个概念,以便进行研究. 例如,我们将通过讨论相柱面上的弹子球映射的定性性质来研究某种程度的轨道结构,这与只是直接就表面的几何进行推理很不一样. 关于这一点,在研究椭圆形弹子球时没有对弹子球映射进行显式的描述,已经有所预示,在那里,我们将相空间分解成易于逐个进行研究的不变集来描述映射的定性性质.

一、光滑凸性

我们想要研究的是边界为光滑闭曲线 B 的区域上的弹子球. 要求边界有非零曲率. 这个条件的一个等价描述是:若将 B 用弧长参数化,则二阶导数恒不为零.

这蕴涵着(严格)凸性,即没有拐点,从而没有“内向凸出”. 我们也有可作定义的性质:每条进入桌面的直线横截地(以$(0,\pi)$中的一个角)进入和离开桌面且与边界有两个交点. 通常满足后一种几何假设且允许有零二阶导数的孤立点存在就足够了.

也有要求导数条件必须成立的情形,我们把满足它的弹子球流称为严格可微凸的.

所以,像圆周情形和椭圆情形一样,相空间 C 是一个由边界上的参数 s(通常是弧长)和角度 $\theta\in(0,\pi)$参数化的柱面.

二、生成函数

如圆周和椭圆的情形,在边界 B 上,取以 s 和 s'为弧长坐标的两点 p 和 p'. 定义函数 H,令 $H(s,s')$是 p 和 p'的欧几里得距离的相反数,H 叫作弹子球的生成函数. 虽然通常不像圆周弹子球的情形有 H 的显式的表达式,但可对它进行分析.

引理1　设 θ'是联结 p 和 p'的线段与在点 p'的切线的负方向所成的角,θ 是联结 p 和 p'的线段与在点 p 的切线的正方向所成的角(图20),则

$$\frac{\partial}{\partial s'}H(s,s') = -\cos\theta', \frac{\partial}{\partial s}H(s,s') = \cos\theta \quad (1)$$

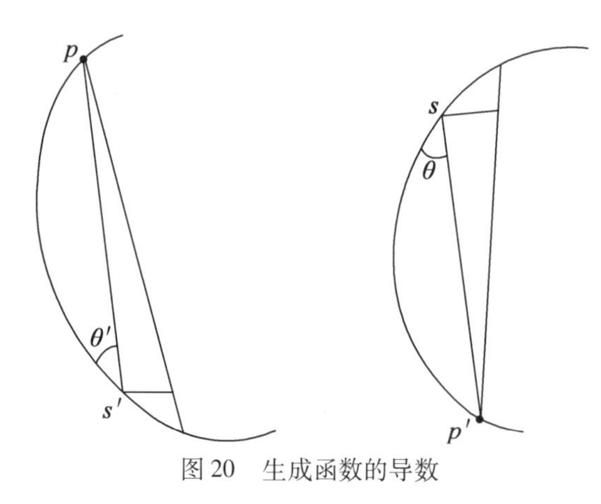

图 20　生成函数的导数

证明　可得

$$\begin{aligned}\frac{\partial}{\partial s'}H(s,s') &= -\frac{\mathrm{d}}{\mathrm{d}t}d(p,\boldsymbol{c}(t))\\ &= -\frac{\mathrm{d}}{\mathrm{d}t}\sqrt{\langle \boldsymbol{c}(t)-p,\boldsymbol{c}(t)-p\rangle}\\ &= -\frac{1}{2\sqrt{\langle \boldsymbol{c}(t)-p,\boldsymbol{c}(t)-p\rangle}}\cdot 2\langle \boldsymbol{c}'(t),\boldsymbol{c}(t)-p\rangle\\ &= -\frac{\langle \boldsymbol{c}(t)-p,\boldsymbol{c}(t)-p\rangle}{\|\boldsymbol{c}(t)-p\|}\end{aligned}$$

对 $t=s'$,由于 $\boldsymbol{c}'$ 是单位向量,所以最后一个表达式恰为 $-\cos\theta'$. 第二个方程同理可证.

生成函数可帮助我们判断边界上的一个点列何时位于一个轨道上. 任意两个点当然位于同一轨道,但是,三个点就不总位于同一轨道上. 在同一轨道上的三个点可描述为某一特定泛函的临界点. 考虑 B 上弧长坐标分别为 s_{-1},s_0 和 s_1 的三个点 p_{-1},p_0 和 p_1. 若它们是某个弹子球轨道的一部分,则由定义,线段 $p_{-1}p_0$ 和 p_0p_1 与点 p_0 的切线所成的角相等,由引理 1,有

$$\frac{\mathrm{d}}{\mathrm{d}s}H(s_{-1},s)+\frac{\mathrm{d}}{\mathrm{d}s}H(s,s_1)=0\quad(s=s_0)\qquad(2)$$

即 p_0 是定义在边界的三元组上的泛函 $s\mapsto H(s_{-1},s)+H(s,s_1)$ 的一个临界点. 像拉格朗日公式中一样,这将动力系统的一个轨道段描述成定义在动力系统的“潜在”轨道段空间上的一个泛函的临界点. 重复这一过程可以得到对应于多个变量泛函的临界点的轨道段.

三、面积保持

生成函数的导数的显式表达式(1)对研究弹子球映射非常有用. 它说明,如果用坐标 $r=-\cos\theta$ 代替 θ,则弹子球映射在相柱面 C 中保持面积.

命题 1 在坐标 (s,r) 下,弹子球映射 $\phi(s,r)=(S(s,r),R(s,r))$ 是保持面积和定向的.

证明 简化式(1),得

$$\frac{\partial}{\partial s'}H(s,s')=r',\ \frac{\partial}{\partial s}H(s,s')=-r\qquad(3)$$

其中 $r'=-\cos\theta'$. 定义 $\widetilde{H}(s,r):=H(s,S(s,r))$,则

$$\frac{\partial\widetilde{H}}{\partial s}=\frac{\partial H}{\partial s}+\frac{\partial H}{\partial s'}\frac{\partial S}{\partial s}=-r+R\frac{\partial S}{\partial s}$$

$$\frac{\partial\widetilde{H}}{\partial r}=\frac{\partial H}{\partial s'}\frac{\partial S}{\partial r}=R\frac{\partial S}{\partial r}$$

于是通过按不同顺序计算 $\frac{\partial^2\widetilde{H}}{\partial s\partial r}$,得

$$-1+\frac{\partial R}{\partial r}\frac{\partial S}{\partial s}+R\frac{\partial^2 S}{\partial s\partial r}=\frac{\partial^2\widetilde{H}}{\partial s\partial r}=\frac{\partial^2\widetilde{H}}{\partial r\partial s}=\frac{\partial R}{\partial s}\frac{\partial S}{\partial r}+R\frac{\partial^2 S}{\partial r\partial s}$$

于是

$$\frac{\partial R}{\partial r}\frac{\partial S}{\partial s}-\frac{\partial R}{\partial s}\frac{\partial S}{\partial r}=1$$

这说明 ϕ 的雅可比(Jacobi)行列式等于 1,所以 ϕ 保持面积和定向.

四、弹子球映射的光滑性

方程(3)不仅对证明保持面积有用,由于它们局部地确定了函数 S 和 R,所以还可确切地描述动力系统. 它有多种用途,首先是弹子球映射的光滑性:

命题 2 设曲线 B 是 C^k 的,即它的欧几里得坐标是弧长参数的 C^k 函数. 则对 $0<r<1$,函数 S 和 R 是 C^{k-1} 的.

证明 对

$$0=F(s,s',r,r'):=\begin{pmatrix}\frac{\partial}{\partial s'}H(s,s')-r'\\ \frac{\partial}{\partial s}H(s,s')+r\end{pmatrix}$$

应用隐函数定理. 定理的条件是满足的,因为 F 关于 (s',r') 的全导数

$$\begin{pmatrix}\frac{\partial^2}{\partial s'^2}H(s,s') & -1\\ \frac{\partial^2}{\partial s\partial s'}H(s,s') & 0\end{pmatrix}$$

是可逆的:从几何上看,固定 s',令 s 增加,则 θ' 减小(图 21),从而 r' 是减小的,故

$$\frac{\partial^2}{\partial s\partial s'}H(s,s')=\frac{\partial r'}{\partial s}<0 \tag{4}$$

因此,它的行列式 $\frac{\partial^2}{\partial s\partial s'}H(s,s')=\frac{\partial r'}{\partial s}$ 显然是非零的.

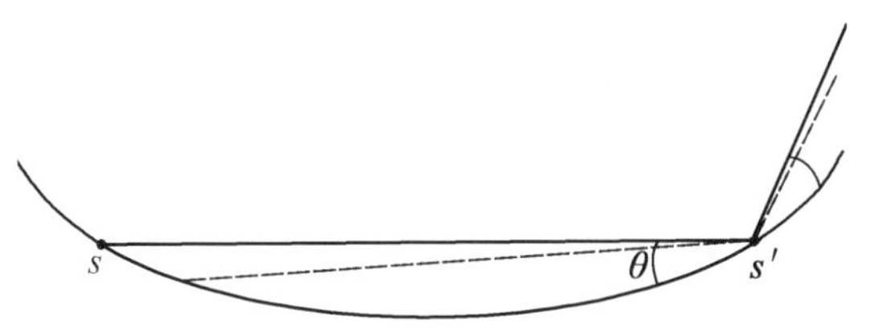

图 21　s'是常数时，s 单调递增

若 B 是 C^k 的，则生成函数也是 C^k 的. 由隐函数定理，对 $0<r<1$，函数 S 和 R 是 C^{k-1}的.

五、凸弹子球的特殊周期 2 轨道

现在推广在椭圆弹子球运动中借助于对区域的直径和宽度的几何描述得到两条周期 2 轨道的方法，这里仅用到生成函数的一些知识. 直观上，以下结果是显然的.

命题 3　设 D 是一个凸的有界区域，它的边界 B 是 C^2 的，有非零曲率. 则相应的弹子球映射至少有下述两个周期 2 轨道：对其中一个轨道，相应的两个边界上的点之间的距离是 D 的直径，而对另一个轨道，这个距离是 D 的宽度.

证明　在环面 $B\times B$ 上，生成函数有定义、连续，且在除对角线外的点是可微的. 因为在对角线上函数值为零，在其余地方为负值，所以函数在对角线外某点达到最小值 d. 设(s,s')使得 $H(s,s')=d$. 由于(s,s')是临界点，故由式(1)可知 $\theta=\theta'=\dfrac{\pi}{2}$，于是得到了第一个周期 2 轨道(顺便指出，接下来的讨论只依赖于凸性，且很容易推到 C^1 曲线上去). 现在考虑环面上的曲线$(s,g(s))$，其中 $s'=g(s)$ 是穿过 s 的使得 $\theta=-\theta'$的直线上除 s 以外的边界点的坐标(这条直线是联结具有平行切线的两点的,所以这样的直线的长度的极小值是区域的宽度,图 22). 在这条曲线上,H 有一个负的上界,于是得到一个负的最大值 w. 用该连线和某个参考方向所成的角 α 将 s 和 s' 参数化. 于是 $\theta = -\theta'$ 蕴涵着

$$\frac{\partial H(s(\alpha),s'(\alpha))}{\partial\alpha} = \frac{\partial H}{\partial s}\frac{\mathrm{d}s}{\mathrm{d}\alpha} + \frac{\partial H}{\mathrm{d}s'}\frac{\mathrm{d}s'}{\mathrm{d}\alpha} = \cos\,\theta\left(\frac{\mathrm{d}s}{\mathrm{d}\alpha} + \frac{\mathrm{d}s'}{\mathrm{d}\alpha}\right)$$

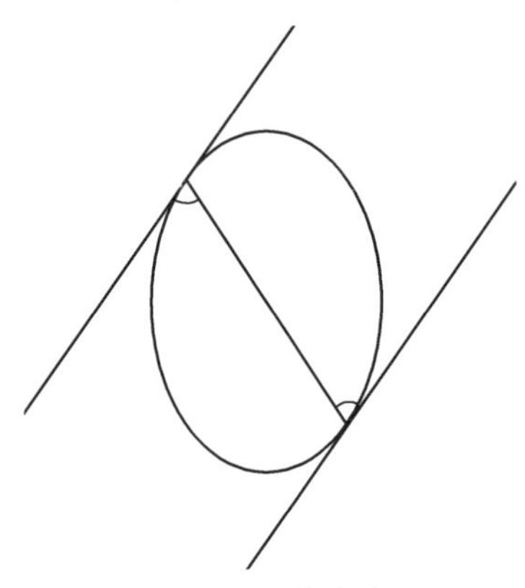

图 22　寻找宽度

若 s 是弧长参数,则$\frac{\mathrm{d}\alpha}{\mathrm{d}s}$是 B 在对应于 s 的点处的曲率,故它是非零(且有限)的,所以$\frac{\mathrm{d}s}{\mathrm{d}\alpha}$是正的. 同理可得$\frac{\mathrm{d}s'}{\mathrm{d}\alpha}$也是正的. 因此在 $H(s(\alpha),s'(\alpha))$ 的临界点处,有$\cos\,\theta = 0$. 于是存在一条直线使得 $\theta = \frac{\pi}{2}$,这样就得到了第二个周期 2 轨道.

周期 3 轨道可以通过考虑具有最大周长的内接三角形构造出来. 类似的构造也适用于周期 4 轨道. 对更

大的周期,有不同类型的轨道,例如,五边形和五角星形.

在更一般的情形下,和第二类轨道类似的轨道也是存在的.

在椭圆(当然,还有圆周)的情形,所有周期大于2的轨道进入了对应于它们的不变圆周的连续族,但这是很特殊的性质.

六、几何光学的反射方程

现在寻找凸弹子球中的焦散曲线. 回忆有些轨道族的包络和它们的反射射线族的包络是相同的. 现在更详细地定义它. 显然,为了能够研究焦散曲线,理解射线族的包络和反射射线族的包络之间的关系是很重要的. 或者,换句话说,在弹子球桌上给定一光滑弧段和一族与其相切的射线,考虑在弹子球桌的边界上反射每条切射线而得到的所有弧线. 哪一弧段是反射射线族的包络? 当然,为了得到焦散曲线,新的包络必须是同一曲线的另一部分.

为了在这个问题上应用基本的微分几何,需要定义一族参数化的射线的包络. 为了将平面上的一族射线参数化,取平面上被 $s\in(-\varepsilon,\varepsilon)$ 参数化的曲线 c 和一族也被 $s\in(-\varepsilon,\varepsilon)$ 参数化的单位向量 $\boldsymbol{v}(\cdot)$. 记沿射线的参数为 t,得一族射线的参数形式 $\boldsymbol{r}(s,t)=\boldsymbol{c}(s)+t\boldsymbol{v}(s)$. 这族射线的包络是一条和每条射线只有一个交点(且与射线相切,图23)的曲线,于是,对某个函数 f,可将包络参数化为 $\boldsymbol{r}(s,f(s))$. 与这些射线相切意味着

$$\frac{\mathrm{d}}{\mathrm{d}s}\boldsymbol{r}(s,f(s))=\boldsymbol{c}'(s)+f'(s)\boldsymbol{v}(s)+f(s)\boldsymbol{v}'(s)$$

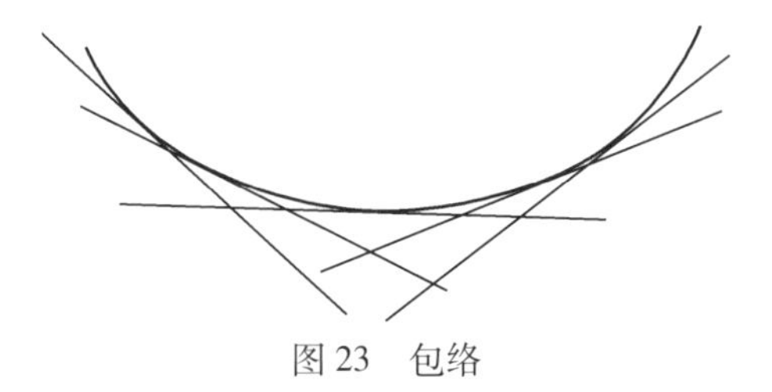

图 23　包络

平行于 $\boldsymbol{v}$,即没有垂直于 $\boldsymbol{v}$ 的分量. 为了说明这点,取垂直于 $\boldsymbol{v}$ 的向量 $\boldsymbol{v}'$(因为 $\boldsymbol{v}$ 是一族单位向量). 若 $\boldsymbol{v}'\neq\boldsymbol{0}$(为了包络的存在,设射线不平行),则相切的条件是

$$\begin{aligned}0&=\left\langle\frac{\mathrm{d}}{\mathrm{d}s}\boldsymbol{r}(s,f(s)),\boldsymbol{v}'(s)\right\rangle\\&=\langle\boldsymbol{c}'(s)+f'(s)\boldsymbol{v}(s)+f(s)\boldsymbol{v}'(s),\boldsymbol{v}'(s)\rangle\\&=\langle\boldsymbol{c}'(s)+f(s)\boldsymbol{v}'(s),\boldsymbol{v}'(s)\rangle\\&=\langle\boldsymbol{c}'(s),\boldsymbol{v}'(s)\rangle+f(s)\langle\boldsymbol{v}'(s),\boldsymbol{v}'(s)\rangle\end{aligned}\quad(5)$$

于是 f 是唯一确定的,有

$$f(s)=-\frac{\langle\boldsymbol{c}'(s),\boldsymbol{v}'(s)\rangle}{\langle\boldsymbol{v}'(s),\boldsymbol{v}'(s)\rangle}$$

注意一种特殊情形,若 c 是常数,则 c 是射线族的焦点,且事实上,由以上公式,$f\equiv0$ 也将焦点参数化:$\boldsymbol{r}(s,f(s))=\boldsymbol{r}(s,0)=\boldsymbol{c}(s)$. 为了将射线族的包络与在弹子球桌的边界上反射的射线族的包络联系起来,用这种方法将射线参数化且取 c 为边界上的这一段曲线来研究是很方便的. 它的优势在于反射射线族可用同一条曲线 c 参数化.

所以,利用弧长参数 s 将弹子球桌边界曲线的一段进行参数化,使得 $\boldsymbol{T}:=\boldsymbol{c}'$ 是一个单位向量. 如果取 c 的指向弹子球桌内部的法向量 $\boldsymbol{N}$,则可通过 $\boldsymbol{T}'(s)=\kappa(s)\boldsymbol{N}(s)$ 定义 c 的曲率 κ. 顺便指出,这蕴涵着

$\boldsymbol{N}'(s) = -\kappa(s)\boldsymbol{T}(s)$. 由所有这些选择知,对一个凸弹子球,有 $\kappa \geqslant 0$. 若 $\boldsymbol{c}''(s) \neq \boldsymbol{0}$,则 $\kappa(s) > 0$. 特别地,严格可微凸弹子球桌处处有非零边界曲率.

用
$$\boldsymbol{r}(s,t) = \boldsymbol{c}(s) + t\boldsymbol{v}(s)$$
将一个射线族参数化,其中 $\boldsymbol{v}$ 是指向内部的向量且与 $\boldsymbol{T}(s)$ 成一个角 $\alpha(s) \in [0,\pi]$. 于是反射射线族可用
$$\bar{\boldsymbol{r}}(s,t) = \boldsymbol{c}(s) + t\bar{\boldsymbol{v}}(s)$$
参数化,其中 $\bar{\boldsymbol{v}}$ 是指向内部的向量且与 $\boldsymbol{T}(s)$ 成一个角 $\pi - \alpha(s)$. 边界上的反射对包络的影响可简明地描述为几何光学中的一个反射方程(图 24).

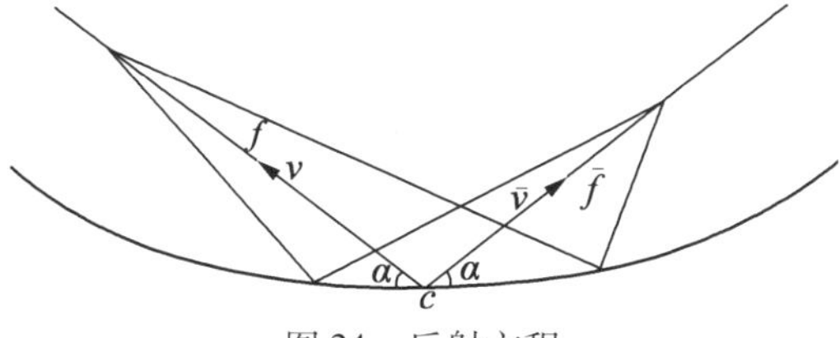

图 24　反射方程

定理 1　若 f 和 $\bar{f}$ 分别是这两族射线的包络,则
$$\frac{1}{f} + \frac{1}{\bar{f}} = \frac{2\kappa}{\sin \alpha}$$

证明　在表达式中消去变量 s,得
$$\boldsymbol{v} = \cos \alpha \boldsymbol{T} + \sin \alpha \boldsymbol{N}$$
$$\bar{\boldsymbol{v}} = -\cos \alpha \boldsymbol{T} + \sin \alpha \boldsymbol{N}$$
微分得
$$\begin{aligned} \boldsymbol{v}' &= -\sin \alpha \cdot \alpha' \boldsymbol{T} + \cos \alpha \boldsymbol{T}' + \cos \alpha \cdot \alpha' \boldsymbol{N} + \sin \alpha \boldsymbol{N}' \\ &= -(\alpha' + \kappa)\sin \alpha \boldsymbol{T} + (\alpha' + \kappa)\cos \alpha \boldsymbol{N} \end{aligned}$$
$$\bar{\boldsymbol{v}}' = \sin \alpha \cdot \alpha' \boldsymbol{T} - \cos \alpha \boldsymbol{T}' + \cos \alpha \cdot \alpha' \boldsymbol{N} + \sin \alpha \boldsymbol{N}'$$

$$=(\alpha'-\kappa)\sin\alpha\boldsymbol{T}+(\alpha'-\kappa)\cos\alpha\boldsymbol{N}$$

于是

$$f=-\frac{\langle \boldsymbol{T},\boldsymbol{v}'\rangle}{\langle \boldsymbol{v}',\boldsymbol{v}'\rangle}=-\frac{-(\alpha'+\kappa)\sin\alpha}{(\alpha'+\kappa)^2}=\frac{\sin\alpha}{\alpha'+\kappa}$$

同样地,$\bar{f}=-\frac{\sin\alpha}{\alpha'-\kappa}$,所以

$$\frac{1}{f}+\frac{1}{\bar{f}}=\frac{(\alpha'+\kappa)-(\alpha'-\kappa)}{\sin\alpha}=\frac{2\kappa}{\sin\alpha}$$

这个结论对包络退化成一个点的极端情形仍然成立. 比如,在圆形弹子球桌上,一族穿过中心的射线又被反射回来穿过中心. 在这种情形下,$f=\bar{f}=\rho$,即半径,且 $\sin\alpha=1$,于是 $\kappa=\frac{1}{\rho}$. 另一种极端情形是遇到圆形桌面的边界的平行直线束. 在这种情形下,在反射方程中取$\frac{1}{f}=0$(取穿过中心的射线与边界的交点 p),得 $\bar{f}=\frac{\rho}{2}$,即这束直线(大约)聚集在 p 和中心连线的中点处.

七、焦散曲线

现在用反射方程来研究焦散曲线. 我们已经看到,对圆周和椭圆的情形,焦散曲线有时与不变圆周相联系,有时不是. 现在,我们详细地定义焦散曲线,并叙述不变圆周的概念.

定义 ϕ 的不变圆周 Γ 是 C 中的一个 ϕ 不变集,它是从 B 到$[0,\pi]$的一个连续函数(除了 0 或 π 之外)的图像. 焦散曲线是一条逐段光滑的曲线 γ,它的所有的切线是弹子球轨道的一部分,且使得弹子球轨

道中的任一条射线定义了与 γ 相切的一条直线,它在弹子球映射 ϕ 之下的象也是如此. 称一条焦散曲线来自于一个不变圆周,如果定义它的射线族构成 ϕ 在 C 中的一个不变圆周. 称一条焦散曲线为凸的,如果它是一条凸曲线.

焦散曲线不一定在弹子球桌面的内部(椭圆弹子球桌面的双曲线就不是),但这显然是凸焦散曲线的情形(否则,它们将会有不与弹子球桌相遇的切线).

一条凸焦散曲线来自于一个由它的切线定义的不变圆周,也可将它描述如下:所有这些射线的左半平面的交集或右半平面的交集是一个非空区域,且这个区域的边界就是焦散曲线.

非凸焦散曲线是存在的,且可能包含在弹子球桌内. 图 25 就是一个这样的例子,它是通过扰动一个圆周弹子球且利用圆心是退化的焦散曲线得到的. 凸焦散曲线的存在性限制了弹子球桌面的几何性质.

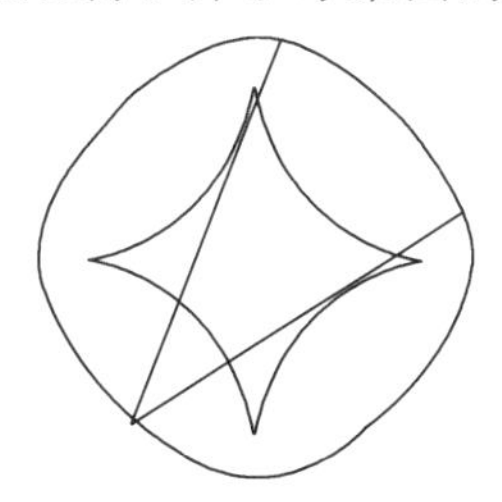

图 25　非凸的焦散曲线

定理2　一个凸的、存在零曲率点的 C^2 的弹子球桌面没有凸的焦散曲线.

证明　为了证明这一点,在图 26 中,假设 γ 是一条凸的焦散曲线. 考虑和 γ 相切的有一个公共点 $p \in B$

的两条射线,且设其中一条射线是另一条射线在弹子球映射之下的象. 焦散曲线是由不变圆周定义的射线族和它们的象(由不变性)的包络. 于是,若记 f_p 和 $\bar{f}_p$ 为从 p 到切点的距离,则应用反射方程得

$$\frac{1}{f}+\frac{1}{\bar{f}}=\frac{2\kappa}{\sin\,\alpha}$$

其中 κ 是 B 在点 p 的曲率,α 是两条射线与 B 在点 p 的切线所成的角. 最后一个方程的左端是正的,所以 $\kappa\neq0$.

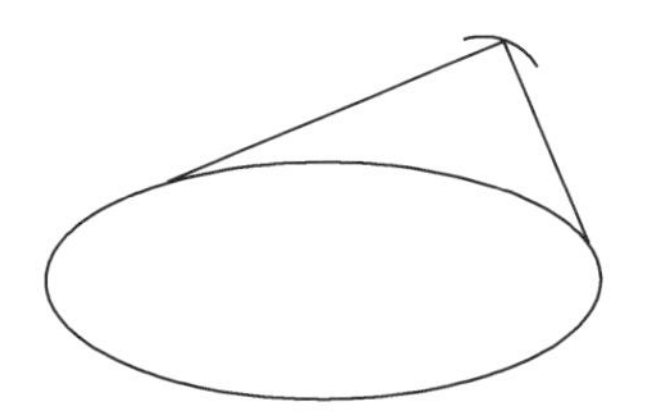

图 26　凸焦散曲线

这说明有零曲率边界点的弹子球(仅仅凸的)远不同于可积的弹子球流,如椭圆形弹子球运动. 椭圆形弹子球运动的相空间可分解为不变曲线,每条不变曲线上的动力行为都很容易理解. 而这些弹子球运动在动力行为上可能复杂得多.

值得注意的是,这是避免存在凸焦散曲线的唯一的方法. 一个严格可微凸的弹子球运动总是有无穷多条焦散曲线,事实上,它们构成一个非零测度集[①].

---

① 这与 KAM 理论有关. 见 Vladimir F Lazutkin. The Existence of a Caustics for a Billiard Problem in a Convex Domain. Mathematics of the USSR. Izvestia,1973,7:185-214.

八、张线法

另一方面,同样的考虑使得我们能找出很多有凸焦散曲线的桌面. 事实上,可以先画出一条凸曲线,然后构造一族以这条曲线为焦散曲线的弹子球桌面. 为达到这个目的,记图26中的焦散曲线上两切点之间的距离(与 p 异侧的)为 l_p(图26),则有下面的命题.

命题4　$S(\gamma):=f_p+\bar{f}_p+l_p$ 与 p 无关.

证明　将上式右端对 B 上将 p 参数化的长度参数 s 微分. 记 γ 上的长度参数为 t,并记在切点处的参数值为 t_p 和 $\bar{t}_p$,则

$$\frac{\mathrm{d}}{\mathrm{d}s}f_p=\cos\alpha-\frac{\mathrm{d}}{\mathrm{d}s}t_p$$

$$\frac{\mathrm{d}}{\mathrm{d}s}\bar{f}_p=-\cos\alpha+\frac{\mathrm{d}}{\mathrm{d}s}\bar{t}_p$$

$$\frac{\mathrm{d}}{\mathrm{d}s}l_p=\frac{\mathrm{d}}{\mathrm{d}s}t_p-\frac{\mathrm{d}}{\mathrm{d}s}\bar{t}_p$$

它们的和等于零.

数 $L(\gamma):=S(\gamma)-l(\gamma)$ 称为焦散曲线 γ 的 Lazutkin 参数.

上一命题使得我们能够构造一个以给定凸曲线为焦散曲线的弹子球桌. 张线法就是利用一条长度为 $S>l(\gamma)$ 的线圈绕曲线 γ,用铅笔尖将线圈拉离曲线 γ(在图26内,铅笔尖应在顶端),将铅笔绕 γ 移动一周且同时绷紧线圈就得到了一个以 γ 为焦散曲线的弹子球桌($S(\gamma)=S$). 取不同的 S 值可得不同的以 γ 为焦散曲线的弹子球桌(Lazutkin 参数衡量线圈超出的长度). 这个过程的一个熟悉的情形是拉着一条绷紧

的线圈绕一条直线段一周得到椭圆(线段的端点是椭圆的焦点). 当然,这不是一条光滑的凸焦散曲线. 用不同长度的线圈给出共焦的椭圆.

张线法使得我们能对同一条焦散曲线找到许多弹子球桌. 而不是一个弹子球桌有很多条焦散曲线. 事实上,有一个伯克霍夫提出的长期存在的未解决的问题:假设一个弹子球桌的焦散曲线构成一个开集(与孤立相反),它一定是椭圆形桌吗?

对于双曲台球戏,Ya. G. Sinai 指出:黎曼流形上的台球戏是一种动力系统,这种动力系统对应着具有沿着边界的弹性反射的流形上某区域内各测地线上的定速运动. 无论就遍历理论本身还是它在偏微分方程、量子混沌、统计力学等应用来看,台球戏构成一类重要的动力系统. 在双曲台球戏中,轨道的性质在许多方面相似于双曲空间中测地线的性质,这里所谓的双曲空间是指负曲率黎曼流形. 这种双曲台球戏用稳定和不稳定流形的几乎处处存在性来定义.

我们将主要讨论这种台球戏,它的区域是欧氏空间或者环面上连通的开子集. 最简单的例子对应着平面中这样的区域,当边界由内向单位法向量给出一个标架时,该区域的边界的曲率是严格正的(散开型台球戏),或者对应着边界的某部分有特别的形状的体育场式台球戏. 在高维情形,人们可自然地定义半散开型台球戏,这只要求边界上的曲率算子是非负的. 带有弹性碰撞的坚硬圆盘或球体的系统可以用半散开型台球戏来描述.

双曲台球戏是用光滑动力系统论的方法的推广来

进行研究的. 相当容易证得，在许多情形下，正测度子集的李雅普诺夫(Lyapunov)指数是正的，它可导出这种子集的双曲性质. 不过遍历性的证明与 K 性质的研究等需要更复杂得多的方法. 这些方法的一个简短概要将同它们的应用与结果一同给出.

在二维的情形中，由于马尔可夫(Markov)分拆的构造，理论发展得稍稍进了一步. 出于必要性，这些分拆是可数的，利用它们可以构造符号动力系，并得到所论台球戏的关于周期轨道、统计性质的一些知识.

思考题

1. 证明：如果一个凸弹子球桌有两条正交的对称轴，则弹子球映射有一条周期4轨道.

2. 将上一习题的结论推广到两条对称轴成$\frac{2\pi}{n}$角的情形.

3. 对等边三角形、正方形、正五边形，描述由张线法得到的弹子球桌.

4. 写出一个 n 个变量的泛函，使得它的临界点是一个弹子球运动的周期轨.

5. 给出一个不是圆周的凸弹子球桌的例子，它有一个连续的周期2轨道族.

6. 给出一个不是圆周的弹子球桌的例子，它有任意方向的周期2轨道.

7. 证明：上一问题中的轨道族的包络定义了一条非凸的焦散曲线.

8. 从弹子球流通过由边界定义的截面的流量来考虑，证明：弹子球映射保持面积. 通过一个曲面的流量是法速度的积分.

9. 构造一条光滑曲线,使得如图 25 那样的星形线是它的非凸焦散曲线.

第3章 变分法、扭转映射和闭测地线

数学家的任务是使用一种严格的、苛求的手段来为宇宙的某些方面做出新的和有意义的美景，表现和揭示其新颖动人之处. 如果说他的手段是严格和有限制的，那么所有有创造性的艺术家的手段事实上也都是这样的.

——N. Weiner

§1 变分法和弹子球的伯克霍夫周期轨

一、周期状态和作用泛函

前面我们通过寻找与生成函数相关联的且定义在“潜在轨道”空间上的泛函的临界点，对凸弹子球运动构造了两个特殊的周期 2 轨道. 对于那个特别简单的例子的情况，“潜在轨道”是周期 2 状态，也就是说，它们是边界上的点对，而泛函用来表示联结这两点的弦的长度. 这一类方法称为变分法,在这一节中它被用来寻找许多具有特殊性质的周期轨,特别地,任何预期周期的周期轨. 现在,我们依照伯克霍夫最初的方法,描述在弹子球情形的基本结果,这里几何图像可以很好地帮助我们想象这些情景. 在后面,我们给出更一般的背景,将弹子球作为它的特殊情形,在更高的技术层面之上解释关于周期点存在的结果,且把这一方法推广到比周期点更一般的情形.

令 $p,q\in\mathbf{N}$ 互素. 不失一般性,假设 $q>0$ 和 $1\leqslant p\leqslant q-1$. 对凸弹子球运动,寻找周期为 q 的特殊的周期轨,它们绕球桌迂回旋转了 p 圈,其方式为每一个轨道正好沿正(逆时针)方向移动 p 步. 也就是说,限制到这样一个轨道的弹子球映射的行为就像由角 $\frac{2\pi p}{q}$ 所决定的旋转 $R_{\frac{p}{q}}$. 这样的轨道称为 (p,q) 型伯克霍夫周期轨.

现在简要叙述对任何 $q>0$ 和 $1\leqslant p\leqslant q-1$,构造至少有两个不同的 (p,q) 型伯克霍夫周期轨. 这总共会给出无限多个有任意长的周期的不同的周期轨. 位势轨道空间 $C_{p,q}$ 自然地就会是 (p,q) 周期状态空间. 它可以想象成内接于球桌中的一个 q 边形(一般地自交),带有一个标定的顶点和联结间隔为 p 的顶点的边. 标定的顶点 x_0 对应于开始计数的起点,然后依环向顺序 $x_1,\cdots,x_{q-1}$ 是其他顶点. 周期地扩展这一序列,也就是说,如果 $0\leqslant k\leqslant q-1$ 且 $l\in\mathbf{Z}$,定义 $x_{k+lq}=x_k$. 变分问题的函数 $A_{p,q}$ 是上述多边形的总长或周长,即从

x_0联结到x_p,再联结到x_{2p},如此下去,直到$x_{qp}=x_0$. 现在应用由第2章式(1)给定的生成函数(距离的负数)作为弹子球映射的表示. 令$s_0,s_1,\cdots,s_{q-1}$表示对应于$x_0,x_p,\cdots,x_{p(q-1)}$的长度参数值,那么

$$A_{p,q}(x_0,x_1,\cdots,x_{q-1})=-(H(s_0,s_1)+H(s_1,s_2)+\cdots+H(s_{q-1},s_0))$$

这个函数的负值经常称为作用泛函. 第2章中方程(2)说明三个相继的顶点形成一个轨道段当且仅当$A_{p,q}$对中间位置的顶点的偏导数为零. 因此,函数$A_{p,q}$在空间$C_{p,q}$上的临界点正好是对应于(p,q)型伯克霍夫周期轨的位形.

二、两个伯克霍夫周期轨的存在性

剩下来证明对于周长函数$A_{p,q}$至少存在两个临界点(图1). 在2周期轨的情形下,对应于$p=1,q=2$,这两个临界点对应于直径和宽度. 第一个轨道可以由函数$A_{p,q}$的最大值对应的位形得到. 由于空间$C_{p,q}$不紧,需要讨论证明这样的一个最大值可以达到. 这可以通过一种可以预料的方式做到:空间$C_{p,q}$可以扩展到q个点的空间的自然闭包,即加入那些顺序不严格的位形(多个相继点可以重叠). 这一空间是紧致的,函数$A_{p,q}$自然地扩展到它上面,且可以达到它的最大值. 现在只需证明最大长度不能在添加的退化位形上达到. 对于3周期轨的情形几乎立即可以得到,对于4周期轨的情形,也可以用初等的方式得到,但对于更长的轨道需要仔细考虑,我们将在后文中概述这一论证,那里处理的问题有更大的一般性. 想法是对任何退化的位形在扩展空间内存在一个扰动使得多边形更长,实际上是使它“减少退化”，即更少的顶点重叠. 详细情形见本章 §2 中的定理 1.

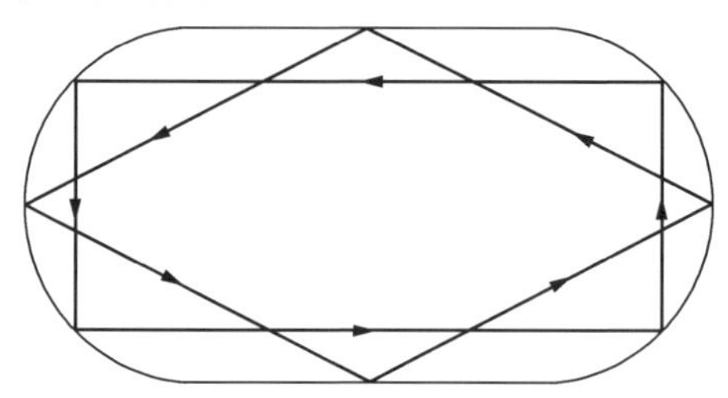

图 1　两条伯克霍夫轨道

如果已经发现了周长函数 $A_{p,q}$ 的一个最大值点，我们立即注意同样的位形可以通过沿着轨道移动标记点给出 q 个不同的最大值点. 这一观察对于第二个 (p, q) 型伯克霍夫周期轨的构造是关键，它基于极小极大或山路原理. 这一名称暗示了论证所依据的形象：为了通过山脉中两座山峰间的山脊且使高度下降最少，必须通过一个鞍点或山口. 通过改变在这一图景中表示高度的泛函的符号（从而还原成这一泛函构造中初始的生成函数），得到一个使登山者冒险较小的版本：为了从一个山谷到另外一个且使高度上升最少，不得不横穿一个山口.

对于弹子球运动，类似山路的讨论起这样的作用. 令 $x=(x_0, x_1, \cdots, x_{q-1}) \in C_{p,q}$ 是一个使得 $A_{p,q}$ 达到最大值的位形. 考虑 $C_{p,q}$ 中联结 x 和 $x'=(x_1, \cdots, x_{q-1}, x_0)$ 的光滑路径 $x(t)=(x_0(t), x_1(t), \cdots, x_{q-1}(t))$，$0 \leqslant t \leqslant 1$，使得对所有的 $i=0, \cdots, q-1$，$x_i(t)$ 在 x_i 和 x_{i+1} 之间. 在这样的一个路径上，泛函 $A_{p,q}$ 或者是常数（那么容易得到每一个位形 $x(t)$ 生成一个不同的 (p,q) 型伯

克霍夫周期轨），或者更可能的是，它达到一个极小值，严格小于在 x 和 x' 的值. 而且一个简单的微分运算说明，如果这样的一个值在如上所述的所有可能的轨道类型上是最大的，那么它必对应于泛函 $A_{p,q}$ 的一个临界点（山口）. 剩下需要讨论的问题是其极小值达到它的最大可能值的路径的存在性. 到目前为止这是整个的讨论中最精巧的部分，虽然它直观地看起来是十分令人信服的，即移动所有的最大位形比让其中一些固定不动更有利（图 2）.

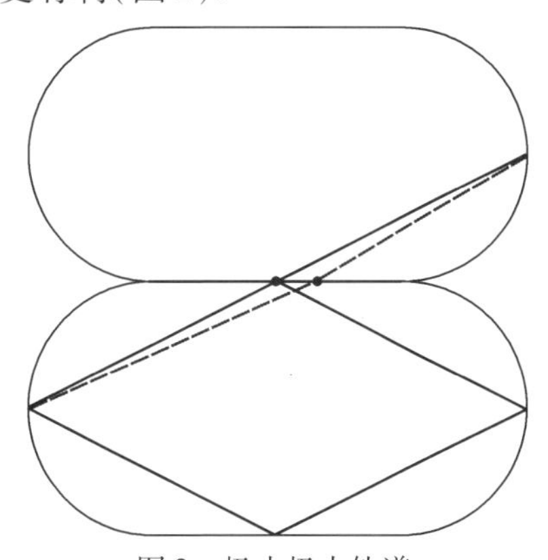

图 2　极小极大轨道

三、带形提升

我们对弹子球系统的另一种描述是：将不再用简单闭曲线，即 S^1 的参数，而是用周期为 1 的周期曲线来参数化边界. 于是，当然地，每一个“物理的”边界点都对应于无穷多个参数值，它们之间可以相互进行整数平移. 它们称为这一点的提升，并且所有可以投射到一个给定点 $(s,r)\in C$ 的点 $(x,y)\in S:=\mathbf{R}\times(-1,1)$ 都称为 (s,r) 的提升. 这正好对应于一个边界圆周的

“展开”. 弹子球映射仍然可以确切地描述成这样一个模型:给定一个参数 $x \in \mathbf{R}$ 和一个角 y,在球桌上找到对应的射线. 它决定了一个新的点和角(换句话说,找到 C 中的点(s,y),使得(x,y)模 1 投射到它并取它作为弹子球映射 ϕ 下的象). 对这一新点,取最小的可能参数值 $x' > x$(或者对于结果点(s',y'),取一个点(x',y'),这里$x' \equiv s' \pmod 1$)). 按这一方法,我们得到了一个连续映射(对一个固定的 s,令 $y \to 0$ 即可见). 对这一新映射 $\Phi: S \to S$,它关于 s 是周期的,称为 ϕ 的提升,我们很容易通过对所有的边界数据模 1 就可以重现 ϕ.

§2　扭转映射的伯克霍夫周期轨和奥布瑞-马瑟[①]理论

一、扭转映射

任何柱面映射都可以通过完全类似于上面所描述的弹子球映射的方式被提升到带域 $\mathbf{R} \times (-1,1)$. 为了区分映射和它的提升,总是记柱面上的柱坐标为 s,而带域上的第一个坐标为 x.

定义 1　开柱面 $C = S^1 \times (-1,1)$上的微分同胚 $\phi: C \to C$ 称为扭转映射,如果:

(1)它是保向的并且在如下意义下保持边界分支,存在 $\varepsilon > 0$,使得如果$(x,y) \in S^1 \times (-1,\varepsilon - 1)$,那么 $\phi(x,y) \in S^1 \times (-1,0)$;

① 奥布瑞-马瑟(Aubry-Mather).

(2)$\frac{\partial}{\partial y}\Phi_1(x,y)>0$,此处 $\Phi=(\Phi_1,\Phi_2)$ 是 ϕ 到 $S=\mathbf{R}\times(0,1)$ 的提升(图3);

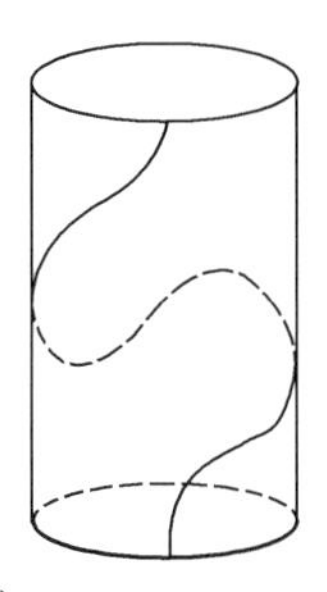

图3　扭转映射

(3)映射 ϕ 可以延拓成闭柱面 $S^1\times[-1,1]$ 上的一个同胚 $\overline{\phi}$(不必光滑).

ϕ 称为可微扭转,如果对 $\varepsilon>0$,存在 $\delta>0$,在 $C_\varepsilon:=S^1\times[\varepsilon-1,1-\varepsilon]$ 上满足 $\frac{\partial}{\partial y}\Phi_1(x,y)>\delta$.

定义中最后一个条件不是本质的,然而它可以简化某些要考虑的问题,就像下面生成函数的定义. 进而,它有助于量化扭转映射中呈现的"扭转量". 同胚 $\overline{\phi}$ 在"底部"圆周 $S^1\times\{-1\}$ 的限制有一个相差一个整数定义的旋转数. 固定带有旋转数 ρ_- 的这一限制的提升就定义了唯一的提升 $\overline{\Phi}$,这一提升限制到"顶部"圆周 $S^1\times\{1\}$ 具有一个唯一定义的旋转数 ρ_+. 如果选取不同的原始提升,则区间 $[\rho_-,\rho_+]$ 也会改变,但是仅相差一个整数平移,称这一区间为扭转映射 ϕ 的扭转区间. 依同样的方法,这一用于扭转映射的概念可以对任何闭圆柱面上保持边界分支的同胚给出.

基本几何、第 2 章 §3 中式(4)和第 2 章 §3 中命题 1 蕴涵着:

命题 1 开柱面 $C=S^1\times(-1,1)$ 上的弹子球映射 $\phi:C\to C$ 是一个保面积的可微扭转映射,且具有如下附加的性质,即任一提升 Φ 满足 $\Phi_1(x,y)\xrightarrow{y\to -1}x$ 和 $\Phi_1(x,y)\xrightarrow{y\to 1}x+1$. 因此,任何弹子球映射的扭转区间都是$[0,1]$.

二、扭转映射的生成函数

保面积扭转映射具有弹子球映射的大部分本质特征. 我们通过如下描述开始说明这一点,即每一个保面积可微扭转映射都能通过一个形如第 2 章 §3 中式(3)的生成函数表示. 为了避免处理可能发生的柱面区域重叠及面积计算加倍的情况,我们对提升来描述生成函数.

令 $\Phi(x,y)=(x',y')$. 固定 x 和 x',考虑由坐标 x' 对应的竖直线段,x 对应的竖直线段在 Φ 下的象,以及在底部联结上面两个曲线底端的水平线段所围成的"三角形". 令 $H(x,x')$ 表示这一区域的面积(图 4),那么

$$\frac{\partial}{\partial s'}H(x,x')=y'$$

应用 Φ^{-1} 并用保面积就得到

$$\frac{\partial}{\partial s}H(x,x')=-y$$

然而,此函数的定义并不需要可微扭转的条件,它用以保证二阶偏导数$\frac{\partial^2 H}{\partial s^2}$和$\frac{\partial^2 H}{\partial s'^2}$存在. 另一方面,扭转条件

保证了混合偏导数$\frac{\partial^2 H}{\partial s^2 \partial s'^2} = -\frac{\partial y}{\partial s'}$存在且是非正的. 对于可微扭转映射来说它是负的.

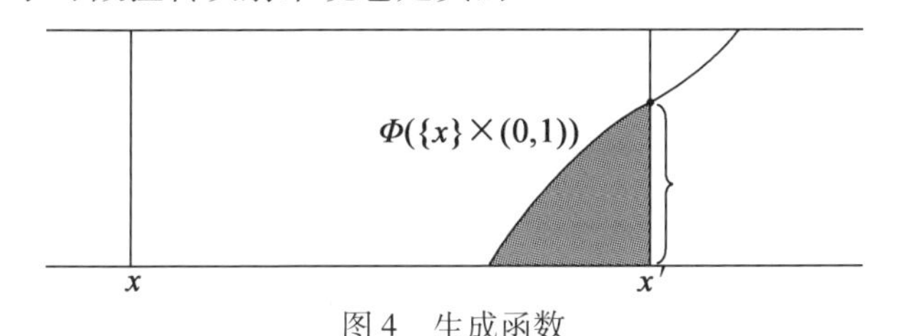

图 4　生成函数

生成函数明显地在相差一个加法常数的情况下是唯一定义的. 另一种构造它的方法如下：由扭转条件，y 和 y'是由 x 和 x'唯一定义的. 可微扭转条件意味着如果对一对值(x,x')定义了 $y(x,x')$ 和 $y'(x,x')$，那么它们在这对值的一个邻域内有定义并且可微. 为了局部地找到 H，必须考虑已知的恰当条件$\frac{\partial y}{\partial x'} = \frac{\partial y'}{\partial x}$. 这需要一点计算以说明这一恰当条件等价于保面积. 因此，生成函数 H 局部地定义到相差一个加法常数，并且它可以通过黏合局部定义并调整常数延拓到所有的允许对(x,x'). 我们希望 $H(x+1,x'+1)-H(x,x')$是一个常数，并且 Φ 保持带域这一事实蕴涵这一常数为零.

对于弹子球映射已知的重要的定性性质可以推广到保面积可微扭转映射. 应用这一概念的明显优点是它覆盖了许多其他的重要情况，比如，周期强迫振子. 一般保面积映射中多数椭圆点的邻域具有两个自由度的哈密尔顿(Hamilton)系统的小扰动，以及外弹子球运动. 一个外弹子球映射定义在一个凸曲线外面的点上，通过画一条切线并将点移动到反向对应点(与切点的距离相等)，如图 5. 从本质上看，考虑直接的弹子球映射或把它们看作扭转映射之间的差别就类似于经典力学中拉格朗日和哈密尔顿表示之间的差别，并且，实际上构成了这一对偶的离散时间版本的特殊例子. 一般地，哈密尔顿方法通过考虑相空间的动力系统而不特别区分位置和动量使得问题的动力学性质(本书所用的意义下)更加明显. 拉格朗日方法分离位形空间并且把相空间的坐标分成位置和动量(或速度)，这有时是有用的，因为它为方法和结果提供了很好的几何直观.

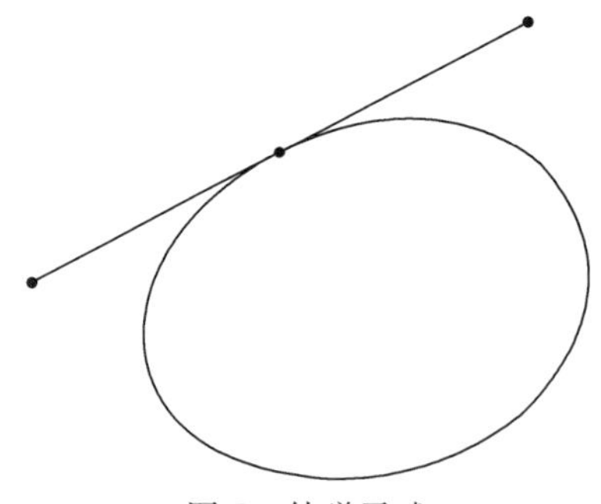

图 5　外弹子球

三、伯克霍夫周期轨

弹子球的伯克霍夫周期轨出现在前一节中. 现在我们在扭转映射的背景下讨论它们.

定义 2　给定扭转映射 ϕ 及它的提升 Φ，点 $w \in C$ 称为 (p,q) 型伯克霍夫周期点，进而它的轨道称为 (p,q) 型伯克霍夫周期轨，如果对 w 的一个提升 $z \in S$，存在 S 中的一个序列 $((x_n,y_n))_{n \in \mathbf{Z}}$，使得：

(1) $(x_0,y_0)=z$；

(2) $x_{n+1}>x_n(n \in \mathbf{N})$；

(3) $(x_{n+q}, y_{n+q}) = (x_n + 1, y_n)$;

(4) $(x_{n+p}, y_{n+p}) = \Phi(x_n, y_n)$.

注　序列(x_n, y_n)并不按照从(x, y)到$\Phi(x, y)$所诱导的“动力学顺序”将轨道参数化,而是按它投射到S^1上的“几何顺序”. 实际上,这一顺序与圆周上的有理旋转$R_{\frac{p}{q}}$的迭代顺序一致. 另外,(p, q)型伯克霍夫周期轨到圆周的投影是一个有限集,并且由Φ所诱导的映射可以逐段线性地延拓成圆周上的同胚.

现在对本章§1中一开始所阐述的伯克霍夫周期轨的存在性(最小作用)给出更技术化的讨论,包括解释为什么最小值可以在(p, q)状态空间内部达到.

定理1　令$\phi: S \to S$是一个可微扭转映射. 如果$p, q \in \mathbf{N}$是互素的,并且$\frac{p}{q}$属于ϕ的扭转区间,那么对于ϕ存在(p, q)型伯克霍夫周期轨.

证明　取ϕ的提升Φ,使得$\frac{p}{q}$在这个提升的扭转区间里. 记Φ在“底端”$\mathbf{R} \times \{-1\}$和“顶部”$\mathbf{R} \times \{1\}$的限制分别为Φ_-和Φ_+. 为了找到伯克霍夫周期轨,我们把它们的x坐标的序列作为定义在$\mathbf{R}$中的点列空间上某个适当的作用的整体最小值点. 作为轨道的x坐标的合理备选,考虑如下空间Σ. 首先,令$\widetilde{\Sigma}$表示实数的非减序列$(x_n)_{n \in \mathbf{Z}}$的集合,使得

$$x_{n+q} = x_n + 1 \tag{1}$$

且

$$\Phi(x_n \times [\varepsilon - 1, 1 - \varepsilon]) \cap (x_{n+p} \times [\varepsilon - 1, 1 - \varepsilon]) \neq \varnothing \tag{2}$$

此处的 $\varepsilon>0$ 如下：由于$\frac{p}{q}$属于 Φ 的扭转区间，存在 $\delta\in(0,1)$，使得 $x_{k+1}\leqslant\Phi_-(x_k)+\delta(k=0,1,\cdots,q-1)$ 蕴涵 $x_q<x_0+p$，并且类似地，如果 $x_{k+1}\geqslant\Phi_+(x_k)-\delta$ $(k=0,1,\cdots,q-1)$，那么 $x_q>x_0+p$. 取 $\varepsilon>0$ 使得

$$\bigcup_{i=0}^{q-1}\Phi^i(\mathbf{R}\times((-1,\varepsilon-1]\cup[1-\varepsilon,1)))$$
$$\subset\mathbf{R}\times((-1,\delta-1]\cup[1-\delta,1))$$

称这些序列为(p,q)型有序状态.

因此，对 S 中的 x 坐标满足式(1)和式(2)的任何轨道，其 y 坐标在$(\varepsilon-1,1-\varepsilon)$中. 在 $\widetilde{\Sigma}$ 上定义一个等价关系"～"，即 $x\sim x'$，如果 $x_i\sim x_i'=k$ 对所有的 i 和某一固定的 $k\in\mathbf{Z}$ 成立. 令 $\Sigma:=\widetilde{\Sigma}/\sim$ 表示所有等价类的集合.

条件式(1)是周期性，又由于$\frac{p}{q}$属于 Φ 的扭转区间，条件式(2)保证了存在点(x_n,y_n)，使得 $\Phi(x_n,y_n)=(x_{n+p},y_{n+p})$对某一 y_{n+p}成立. 满足式(1)和式(2)的序列通常不是一个轨道的 x 投影，但是我们将找到一个序列确实如此，并且对应的轨道正是所期望的(p,q)型伯克霍夫周期轨.

由式(1)，每一个序列仅有 q 个"独立变量"，即 $x_0,\cdots,x_{q-1}$，那就是说，$\widetilde{\Sigma}$ 自然地嵌入到 $\mathbf{R}^q$ 中. 归纳地，应用条件式(2)说明对任何 $x\in\widetilde{\Sigma}$，可知$\{x_n-x_0\}_{n=0}^{q-1}$是有界的，因此 Σ 是 $\mathbf{R}^q/\mathbf{Z}\sim\mathbf{R}^{q-1}\times S^1$ 的闭有界的，从而是紧的子集.

定义Σ上的作用泛函

$$L(s):=\sum_{n=0}^{q-1}H(x_n,x_{n+p})$$

这里的H是生成函数. 由于p和q是互素的,由式(1)得到对任何$j\in\mathbf{Z}$,有$L(s)=\sum_{n=0}^{q-1}H(x_j,x_{j+np})$. 由于$L$在整数平移下是不变的,它在紧集$\Sigma$上有定义,因此达到最大值和最小值,但有可能在边界上. 我们证明最小值就对应于(p,q)型伯克霍夫周期轨,并推出它不可能在边界上达到.

考虑任何序列$x\in\Sigma$,由式(1)知它不是常数. 因此,对任何$m\in\mathbf{Z}$,存在$n\in\mathbf{Z}$和$k\geqslant 0$,使得$n\leqslant m\leqslant n+k$且$x_{n-1}<x_n=\cdots=x_{n+k}<x_{n+k+1}$(如果$k>0$,那么$x$是$\widetilde{\Sigma}$的边界点). 通过如下方式定义$h_1(x,x')$和$h_2(x,x')$,有

$$\Phi(x,h_2(x,x'))=(x',h_1(x,x'))\tag{3}$$

由于x是非减的,扭转条件(定义1(2))蕴涵

$$\varepsilon-1\leqslant h_1(x_{n+k-p},x_{n+k})\leqslant\cdots\leqslant h_1(x_{n-p},x_n)\leqslant 1-\varepsilon$$

$$\varepsilon-1\leqslant h_2(x_n,x_{n+p})\leqslant\cdots\leqslant h_2(x_{n+k},x_{n+k+p})\leqslant 1-\varepsilon$$

因此,或者

$$h_2(x_n,x_{n+p})<h_1(x_{n-p},x_n)\tag{4}$$

或者

$$h_1(x_{n+k-p},x_{n+k})<h_2(x_{n+k},x_{n+k+p})\tag{5}$$

或者

$$h_1(x_{n+l-p},x_{n+l})=h_2(x_{n+l},x_{n+l+p})\quad(l\in\{0,\cdots,k\})\tag{6}$$

对式(4)情形,注意,考虑$s=x_n$作为一个独立变量并

让其他所有的 x_i 固定,有

$$\begin{aligned}\left.\frac{\mathrm{d}}{\mathrm{d}s}\right|_{s=x_n} L(x) &= \left.\frac{\mathrm{d}}{\mathrm{d}s}\right|_{s=x_n} \sum_{i=0}^{q-1} H(x_i,x_{i+p}) \\ &= \left.\frac{\mathrm{d}}{\mathrm{d}s}\right|_{s=x_n} (H(x_{n-p},s)+H(s,x_{n+p})) \\ &= h_1(x_{n-p},x_n)-h_2(x_n,x_{n+p})>0\end{aligned}$$

并由式(4),可以稍微减小 x_n,从而 $L(x)$ 也变小,但不离开 Σ,因此 x_n 不是最小值点. 对情形式(5),类似地置 $s=x_{n+k}$,得到 $\left.\frac{\mathrm{d}}{\mathrm{d}s}\right|_{s=x_{n+k}} L(x)<0$. 因此由式(5),可以稍微增加一点 x_{n+k},从而 $L(x)$ 稍微减小,而不离开 Σ,故 s 不是最小值点. 因此,如果 $x=(x_m)_{m\in\mathbf{Z}}$ 是最小值点,那么对所有的 $m\in\mathbf{Z}$,由上面的分析得到式(6),故

$$h_1(x_{m-p},x_m)=h_2(x_m,x_{m+p}) \quad (对所有的\ m\in\mathbf{Z}) \tag{7}$$

置 $(s_n,y_n)=(x_n,h_1(x_{n-p},x_n))$,现在就得到了一个周期轨.

现在对所有的 $n\in\mathbf{Z}$,$y_n\in(\varepsilon-1,1-\varepsilon)$,由于对任何的 $n\in\mathbf{Z}$,有 $y_n\leqslant\varepsilon-1$,蕴涵着对所有的 $n\in\mathbf{Z}$,都有 $y_n<\delta$,由 δ 的选取,这与式(1)和式(2)矛盾. 因此,为了证明 (x_n,y_n) 是 (p,q) 型伯克霍夫周期轨,且 s 不在 Σ 的边界上,只需证明 $s_n=x_n$ 是严格增的.

假设 $s_n=s_{n+1}$. 如果必要,通过选取一个不同的 n,可以假设或者 $s_{n-1}<s_n$,或者 $s_{n+1}<s_{n+2}$(由于 s 不是常数). 那么由于 s 是非减的,扭转条件和式(7)给出 $y_{n+1}=h_1(s_{n-p+1},s_{n+1})\leqslant h_1(s_{n-p},s_{n+1})\leqslant h_1(s_{n-p},s_n)=y_n=h_2(s_n,s_{n+p})\leqslant h_2(s_n,s_{n+p+1})=y_{n+1}$,且至少有一个不等式是严格的,这是荒谬的.

因此找到了一个(p,q)型伯克霍夫周期轨，使得它的x坐标序列是L在Σ内部的整体最小值点.

第二个(极小极大)伯克霍夫周期轨的构造应用的是山路原理的一个版本，该原理应用于同样的泛函，但状态空间限制这些状态，它们位于定义最大伯克霍夫周期轨的状态和它的转移状态之间.

四、保序轨道

在这里，我们证明扭转映射的任何保序轨道形成李普希茨(Lipschitz)函数图像的一部分，其中李普希茨常数在S中的任何闭圆环上的取值有界. 就像在前文中一样，我们经常运用提升.

定义3　(对照定义2)考虑扭转微分同胚$\phi:C\to C$，ϕ的一个轨道段(或轨道)$\{(x_m,y_m),\cdots,(x_n,y_n)\}$，$-\infty\leqslant m<n\leqslant\infty$，它可以是一个方向或两个方向无限的，称作是定序的或保序的，如果当$i\neq j$和$(i,j)\neq(n,m)$时，$x_i\neq x_j$，并且ϕ保持x坐标的循环顺序，即对$i,j,k<n$. 如果x_i,x_j,x_k是正向顺序的(关于S^1所取定向)，那么x_{i+1},x_{j+1},x_{k+1}有同样的顺序.

引理1　设$\Phi:\mathbf{R}\times(-1,1)\to\mathbf{R}\times(-1,1)$是扭转微分同胚$\phi:C\to C$的提升(不必保面积). 如果对$i=-1,0,1$，有$(x_i,y_i)=F^i(x_0,y_0)$，$(x_i',y_i')=F^i(x_0',y_0')$，以及$x_i'>x_i$，那么存在$M\in\mathbf{R}$，使得$|y_0'-y_0|<M|x_0'-x_0|$. M可以在C中任何一个闭圆环上一致地选取.

证明　首先假设$y_0'<y_0$. 如果$(\tilde{x},\tilde{y})=\Phi(x_0',y_0)$，那么由扭转条件就有

$$\tilde{x} > x_1' + c(y_0 - y_0')$$

其中 c 在 C 中的任何一个闭圆环上有正下界. 另一方面,ϕ 的可微性意味着存在常数 L(在 C 中的紧圆环上有界),使得

$$x_1' > x_1 > \tilde{x} - L(x_0' - x_0)$$

取 $M = Lc^{-1}$就得到断言. 如果 $y_0' > y_0$,用 ϕ^{-1}代替 ϕ 重复同样的讨论.

推论 考虑保面积扭转映射 $\phi: C \to C$ 和 ϕ 的包含于 C 上一个闭圆环的保序轨道段$\{(x_m, y_m), \cdots, (x_n, y_n)\}$, $-\infty \leqslant m < n \leqslant +\infty$. 那么对所有满足 $m < i, j < n$ 的 i, j,有$|y_i - y_j| < M|x_i - x_j|$.

证明 对三元组$(i-1, i, i+1)$和$(j-1, j, j+1)$应用引理 1.

这一推论说明,一个保序轨道的闭包 E 包含在一个李普希茨函数 $\varphi: S^1 \to (-1, 1)$ 的图像中. 注意 $\phi|_E$ 投射成 E 到 S^1 的投影的一个同胚,我们也可以在那个集合的间隙上线性地延拓而得到一个圆周同胚. 因此可以定义一个保序轨道的旋转数为这一诱导的圆周同胚的旋转数. 因此,圆环上的扭转映射的保序轨道内在的动力行为本质上是一维的. 现在我们将看到对一个扭转映射在扭转区中的每一个旋转数,都有一些这样的一维动力系统在这个扭转映射中展现.

五、奥布瑞 - 马瑟集

我们的下一个目标是说明扭转区间中的每一个无理数都是一个保序轨道的旋转数. 进一步将看到,这样的轨道不像伯克霍夫周期轨那样是孤立的,对每一个

旋转数存在许多这样的轨道. 这样的轨道的构造可以通过一个十分复杂的应用于适当的无限维空间的变分方法而得到. 这是一个复杂但十分有效的方法,进一步研究可以产生许多额外信息,包括保序轨道和其他更复杂的轨道类型. 然而值得注意的是,经过非常简单的连续性的讨论导出具有无理旋转数的保序轨可以作为伯克霍夫周期轨的极限. 因此,本节剩下的结果(除了定理3)不直接用保面积而只用伯克霍夫周期轨的存在性(在弱一点的假设下可以证明).

定义4　令 $\phi:C\to C$ 是一个扭转映射. 一个闭不变集 $E\subseteq C$ 称为保序集,如果它可被一一地投射到圆周的子集并且 ϕ 保持 E 上的循环顺序,一个奥布瑞 - 马瑟集是一个极小的保序不变集合且一一地投射到 S^1 上的一个康托(Cantor)集.

保序集中的任何一个轨道都是保序轨. 奥布瑞 - 马瑟集的投射的余集是圆周上可数个区间的并,称这些区间为奥布瑞 - 马瑟集的间隙. 每一区间端点是奥布瑞 - 马瑟集中的点的投射,也称它们为端点. 由引理1的推论立即有下面的推论.

推论　设 $\phi:C\to C$ 是一个扭转微分同胚,A 是 ϕ 的一个奥布瑞 - 马瑟集. 那么存在一个李普希茨连续函数 $\varphi:S^1\to(-1,1)$,它的图像包含 A.

证明　引理1的推论给出了定义在 A 到 S^1 的投影上的一个函数,将其在康托集的间隙线性地延拓,就给出了具有同一李普希茨常数的函数.

定义奥布瑞 - 马瑟集或不变圆周的旋转数为它的任何轨道的旋转数,就像前文中所定义的那样. 现在可以证明扭转映射理论中的一个中心结果.

定理 2 设 $\phi:C\to C$ 是一个保面积可微扭转映射. 对来自于 ϕ 的扭转区间的任何无理数 α,存在一个具有旋转数 α 的奥布瑞 - 马瑟集 A 或者一个具有旋转数 α 不变圆周 graph(φ),此处的 φ 是一个李普希茨函数.

证明 设$\frac{p_n}{q_n}$是逼近 α 的由最简分式给出的有理数序列. 应用定理 1,并任取(p_n,q_n)型伯克霍夫周期轨 w_n. 根据引理 1 的推论,可以构造一个李普希茨函数 $\varphi_n:S^1\to(-1,1)$,它的图像包含 w_n. 由得到式(2)的类似讨论,我们发现,所有这样的轨道都包含在 C 的一个闭圆环里,因此李普希茨常数的选取可以不依赖于 n. 利用这一等度连续函数族的准紧性(Arzelá-Ascoli 定理),不失一般性,可以假设这些函数收敛到一个李普希茨函数 φ. φ 的图像不一定是 ϕ 不变的,但是它总可以包含一个按如下方法得到的闭的 ϕ 不变集 A. φ_n 的定义域包含着(p_n,q_n)型伯克霍夫周期轨到 S^1 的投影. 这些(p_n,q_n)型伯克霍夫周期轨是 C 中闭的 ϕ 不变子集,因此在豪斯道夫(Hausdorff)度量拓扑下,它们有一个聚点 $A\subseteq C$. 集合 A 明显地属于 φ 的图像,它是 ϕ 不变的,并且 ϕ 保持 A 的循环顺序(因为这对伯克霍夫周期轨 w_n 是成立的,并且这是一个闭性质). 如果记 ϕ_n 为 ϕ 的从(p_n,q_n)型伯克霍夫周期轨到 S^1 的投射在 S^1 中的延拓,ϕ_α 为 $\phi|_A$ 到 S^1 的投射的延拓,那么一致地有 $\phi_n\to\phi_\alpha$. 因此,由旋转数在 C^0 拓扑下的连续性,A 的旋转数是 α. 现在考虑 ϕ_α 的极小

集. 由二分性,它或者是整个圆周,或者是一个不变康托集. 在后一情形这一康托集在 $\mathrm{Id} \times \varphi$ 下的象就是具有旋转数 α 的奥布瑞 – 马瑟集.

注　定理2所得到的奥布瑞 – 马瑟集可以是 ϕ 的一个不变圆周的子集. 然而,当映射和不变圆周都是 C^2 的时候,映射在不变圆周的限制是圆周的一个 C^2 微分同胚,同时由当儒瓦(Denjoy)定理可知它是拓扑传递的. 因此,对于存在于不变圆周上的一个奥布瑞 – 马瑟集或者映射,或者圆周,或者它们两个同时不具有 C^2 性质. Michael Herman 发现了一个异常的构造,他设法使一个当儒瓦型非传递 $C^{2-\varepsilon}(\varepsilon>0)$ 圆周微分同胚的例子嵌入 $C^{3-\varepsilon}$ 保面积可微扭转映射,从而经由这一明显的构造得到了一个额外的导数. 然而还不知道是否一个 C^3 微分同胚可以具有带奥布瑞 – 马瑟集的不变圆周.

(p_n,q_n) 型伯克霍夫周期轨的豪斯道夫极限可以比一个奥布瑞 – 马瑟集大,尽管它总是保序集合. 如果它不是一个极小集合,那么包含一个同宿到奥布瑞 – 马瑟集的轨道集合. 通过取伯克霍夫极小极大周期轨的豪斯道夫极限并仔细地应用一些变分估计,可以证明这样的轨道总是存在的.

用在豪斯道夫度量下收敛的任意不变保序集代替前面讨论中的伯克霍夫周期轨 w_n,可以得到如下命题:

命题2　保序不变集的旋转数在豪斯道夫度量拓扑下是连续的.

进而,这蕴涵着下面的推论.

推论 保序轨道的旋转数是初始条件的一个连续函数.

证明 令 $x_n \to x$ 是具有保序轨道的点的收敛序列. 不失一般性,可以假设 x_n 的轨道的旋转数 α_n 收敛. 考虑 x_n 的轨道的集合. 由豪斯道夫度量拓扑的紧致性,它包含着一个收敛到一个保序集合的子序列,且该保序集合包含着 x 的轨道的闭包. 因此由命题 2,x_n 的轨道的旋转数的极限是 x 的轨道的旋转数.

现在可以证明,对任何无理数,存在最多一个不变圆周以它为旋转数.

定理 3 设 $\phi: C \to C$ 是一个保面积扭转映射,并且 α 是扭转区间内的一个无理数. 那么 ϕ 最多有一个旋转数为 α 形式为 graph(φ)的不变圆周. 如果存在这样的不变圆周,那么在这圆周外 ϕ 没有以 α 为旋转数的奥布瑞 - 马瑟集,因此最多有一个这样的奥布瑞 - 马瑟集.

注 实际上,一个扭转映射可能有多个具有同一有理旋转数的不变圆周. 这种情况出现在椭圆弹子球运动中,那里异宿环的两个分支形成一对具有旋转数为$\frac{1}{2}$的不变圆周. 数学摆的时间 t(充分小的 t)映射显示了旋转数为 0 的类似现象.

引理 2 假设 ϕ 具有一个旋转数为 α(形式为 graph(φ))的不变圆周 R. 那么每一个闭包与 R 不交的保序轨道的旋转数不同于 α.

证明 圆周 R 将圆柱面 C 分成上下两个分支. 假设 x 是 $C \backslash R$ 的上面分支中的一点,它的轨道是保序的且

与R有正距离. 那么ϕ在x的轨道上的限制投射到圆周S^1上成为一个子集E的映射. 我们想把它延拓成S^1上的一个映射ϕ_2,它严格地位于由$\phi|_R$诱导的映射ϕ_1的前面,即$\phi_1 \prec \phi_2$. 这一关系在E上已经成立,因此只需要小心地从E延拓. 延拓到E的闭包上不会改变严格不等式,这是由于我们有扭转条件和x的轨道与R有正距离的假设. 为了在$\overline{E}$的余区间上定义ϕ_2,记其中一个余区间的端点为x_1和x_2,并且令$\delta := \min\{\phi_2(x_1) - \phi_1(x_1), \phi_2(x_2) - \phi_1(x_2)\}$,令$\phi_2(tx_1 + (1-t)x_2) = \max\{t\phi_2(x_1) + (1-t)\phi_2(x_2), \delta + \phi_1(tx_1 + (1-t) \cdot x_2)\}$. 那么$\phi_2$是单调的,并且$\phi_1 \prec \phi_2$. 从而,可知$\phi_2$的旋转数比$\alpha$大. 同样,在$C\backslash R$的下面的分支中也不可能有旋转数为$\alpha$的保序轨道.

定理3的证明　假设存在旋转数为α的两个不变圆周. 它们的交是不变的,因此,如果它们中至少有一个是传递的,那么它们是不交的,由引理这是不可能的. 否则的话,相交部分包含一个共同的奥布瑞－马瑟集A,并且两个圆周形成了两个不同函数φ_1和φ_2的图像,它们在A的投影上一致. $\max\{\varphi_1, \varphi_2\}$和$\min\{\varphi_1, \varphi_2\}$的图像都是不变的,于是两个图像之间的区域也是不变的. 但是,后一区域必然有无限多个连通分支,这是由于它投射到奥布瑞－马瑟集的投影的非回复余区间. 因此得到一个开圆盘,它的象两两不交,由保域性这是不可能的. 这里用了旋转数的无理性,不然可能有有限多个连通分支在ϕ的作用下互相交换.

引理也说明了以α为旋转数的不变圆周外面不可能有以α为旋转数的奥布瑞－马瑟集.

注 如果不存在旋转数为 α 的不变圆周,则可能有许多以该数为旋转数的奥布瑞 - 马瑟集.实际上,经常存在这样集合的多参数族[①].

六、同宿和异宿轨道

现在转变处理过程,用无理数来逼近有理数,并且为了构造具有有理旋转数的非周期轨,考虑相应的奥布瑞 - 马瑟集的极限.

命题3 设 $\phi: C\to C$ 是一个保面积扭转映射,并且$\frac{p}{q}$是扭转区间内的一个有理数.那么存在一个具有旋转数为$\frac{p}{q}$的保序的闭的 ϕ 不变集,该不变集或者是一个由周期轨构成的不变圆周,或者包含着非周期点,而且在后一情形每个余区间的两个端点是非周期的.

证明 设$(\alpha_n)_{n\in\mathbf{N}}$是扭转区间内逼近$\frac{p}{q}$的无理数序列.考虑相应的具有旋转数为 α_n 的不变极小保序集 A_n.不失一般性,可以假设在豪斯道夫度量拓扑下当 $n\to\infty$ 时 A_n 收敛到一个集合 A.明显地,A 是 ϕ 不变的和保序的.如果无限多个 A_n 是圆周,那么 A 也是圆周,并且由旋转数的连续性可知,ϕ 在这一圆周上的限制具有旋转数$\frac{p}{q}$.由具有有理旋转数的圆周的分类,这种情况下命题成立.因此可以假设所有的 A_n 是奥布瑞 -

---

① John Mather. More denjoy minimal sets for area preserving diffeomorphisms. Commentarii Mathematici Helvetici,1985,60(4):508-557.

马瑟集. 为了理解 A 的动力学性态，考虑间隙，即 A 在 S^1 的投影在 S^1 中的余区间. 每一个这样的间隙 $G\subseteq S^1$ 有确定的长度 $l(G)$，我们想证明这样的间隙的两个端点不是周期的.

A 的间隙 G 是对应的 A_n 的间隙 G_n 在豪斯道夫度量下的极限. 记 ϕ_n 为从 $\phi|_{A_n}$ 到 S^1 的投射延拓而构成的圆周同胚，ϕ_0 为对应于 $\phi|_A$ 的同样的延拓. 由于 ϕ_n 具有无理旋转数，在 ϕ_n 的迭代下间隙 G_n 的象互不相交，因此 $\sum\limits_{m\in\mathbf{N}} l(f_n^m(G_n))\leqslant 1$. 如果 G 的两个端点是周期的，那么间隙 G 是周期的，即 $\sum\limits_{n\in\mathbf{N}} l(\phi_0(G))$ 发散，但是 $l(\phi_n^m G_n)\to l(\phi_0^m G)$ 对所有的 $m\in\mathbf{N}$ 成立，这就得出矛盾. 因此 G 的端点之一是非周期的.

间隙 G 的另一个端点必定也是非周期的，因为否则 $\phi_0^q(G)$ 是与 G 非平凡地相交且与 G 不相等的间隙.

因此，在一般情形下，我们可以描述仅包含有限多个周期轨的不变集的结构，从而有下面的推论.

推论　如果一个旋转数为 $\frac{p}{q}$ 的闭的保序的 ϕ 不变集 A 只包含有限多个周期轨，那么存在一个按如下方式异宿连接的完备集：如果 $\gamma_1,\cdots,\gamma_s$ 表示 A 中的周期轨，并且已经按照所诱导的圆周的循环顺序排好了序，那么存在异宿轨 $\sigma_1,\cdots,\sigma_n$，使得或者

$$\begin{gathered}\gamma_1=\omega(\sigma_s)=\alpha(\sigma_1)\\ \gamma_2=\omega(\sigma_1)=\alpha(\sigma_2)\\ \vdots\\ \gamma_s=\omega(\sigma_{s-1})=\alpha(\sigma_s)\end{gathered}$$

或者只需把 α 和 ω 交换，则同样的情形成立. 这里的 α 和 ω 表示一个轨道的 α 和 ω 极限集. 如果 $s=1$，当然 σ_1 是一个同宿轨.

§3 不变圆周和不稳定区域

一、不变圆周的大范围结构

前一节中我们遇到了扭转映射的不变曲线，它作为伯克霍夫周期轨的极限出现，因此是李普希茨映射 $S^1 \to [-1,1]$ 的图像. 这样一个圆周的存在性是一个康托集状的奥布瑞－马瑟集的存在性的替代情形. 虽然一般情况下这两种可能性并不互相排斥，但它们经常如此，即如果圆周具有稠密轨时. 当然，不变圆周和奥布瑞－马瑟集间最根本的差别在于前者分割相空间. 由于边界分支是被保持的，从不变圆周的一侧出发的任何轨道永远停留在该侧. 因此，甚至单一的不变圆周的存在都提供了关于所有轨道的重大信息. 自然要问是否存在其他非李普希茨图像的分离相空间的不变集. 这样的集合可能出现在某些周期轨周围，就像我们已经在椭圆弹子球运动中所看到的那样，一对不变曲线围绕着稳定 2 周期轨，它对应于作为焦散曲线的双曲线. 然而，如果仅考虑那种使两个边界分支位于不同的片中的分离柱面的集合，那么伯克霍夫的如下经典结果说明这一情形只发生于当不变曲线作为李普希茨图像出现时.

定理 1[①]　如果 U 是可微扭转映射 ϕ 的一个开不变集，它包含“底部”$S^1\times\{-1\}$的一个邻域，并且具有连通的边界，那么 U 的边界是一个李普希茨函数的图像.

一个扭转映射在不变圆周的并上的动力学性质依据圆周映射的动力学得到了比较好的理解. 因此，我们需要理解在不变圆周的并之外发生了什么.

首先考虑一个简单的例子. 对于椭圆弹子球运动，对除了$\frac{1}{2}$之外的任何数恰好存在一个以其为旋转数的不变圆周，这样的圆周对应于作为焦散曲线的共焦椭圆. 对于旋转数为$\frac{1}{2}$，存在两个不变圆周对应于穿过焦点的轨道：在相空间的图像（第 2 章图 12），它们表示为周期为 2（较大的轴或直径）的双曲轨的分界线的上下分支；剩下的轨道盘旋围绕着周期为 2 的椭圆轨道（较小的轴），对应着作为焦散曲线的双曲线. 这样一个图像只有一种可能，因为具有有理旋转数的不变圆周不一定是唯一的. 由上一节定理 3，最多存在一个以给定的无理数为旋转数的不变圆周，因此这样的不变圆周由旋转数规定顺序. 每一个圆周完全包含在其他任何一个圆周的余集的一个分支中. 进一步地，一个不变圆周序列的极限是一个不变圆周，并且旋转数在不变圆周集合上是连续的.

---

① Katok and Hasselblatt. Introduction to the Modern Theory of Dynamical Systems. Theorem 13. 2. 13.

二、不稳定区域

不变圆周的旋转数集的每一个余区间$[a,b]$产生了唯一的一个区域,它的边界分支是具有旋转数 a 和 b 的互不相交的不变圆周,这样的一个区域称作不稳定区域.

我们证明了存在没有焦散曲线的弹子球映射,因此没有不变圆周. 对这样一个映射,整个圆柱面是一个单一的不稳定区域,因此,对每一个 0 和 1 之间的无理数,存在一个无处稠的奥布瑞 - 马瑟集.

一个简单的坐标变换可以让我们考虑扭转映射到一个不稳定区域的限制,它可以看作是一个扭转映射且其扭转区间是两个边界不变圆周的旋转数之间的区间. 因此,对任何那个区间的有理(相应地,无理)数,在不稳定区域内存在相应的伯克霍夫周期轨(相应地,奥布瑞 - 马瑟集). 这里没有不变圆周形式的“障碍”来阻止轨道在区域内游荡,特别地,在边界分支之间跳跃.

1. 超乎理解的困难

不稳定区域中的动力性质是复杂的. 许多特殊轨道可以对所有情形或在“典型”条件下被发现,并且存在许多关于大多数轨道行为的似乎合理的猜测(“大多数”可能意味覆盖一个开稠集的轨道或者一个零集的余集). 看起来甚至在最乐观的预期下典型轨道的严格分析也超出了目前可应用或可想象的方法. 这一问题的困难性可能超过了一些有着巨额悬赏标签的著名问题(例如,三维拓扑中的庞加莱(Poincaré)猜想),并且在 21 世纪不会有可以期待的实质性进展.

2. 熵和马蹄

不允许指数增长给扭转映射动力学加上了严格的限制.

定理 2[①]　一个具有零拓扑熵的扭转映射对扭转区间内的任何数都有不变圆周存在. 特别地,没有不稳定区域.

于是可以得到下面的推论.

推论　对任何 C^2 扭转微分同胚和任何不稳定区域,存在一个马蹄,因此,在那个区域中存在一个具有横截同宿点的双曲周期点.

因此,所有与保面积相容,并且具有复杂性出现在所有不稳定区域.

3. 由变分法得到的特殊轨道

对扭转映射的变分法的进一步发展包括如下内容,即对定义在经过仔细而精巧的构造的状态空间上适当构造的作用泛函的临界点的研究,而这些状态满足一些条件以排除像有序轨道那样的简单解. 这一方法已经被约翰 · 马瑟(John Mather)发展得相当深刻.

这种方法导出从不稳定区域的一个边界分支到另外一个分支的沿每个方向的轨道,即同宿和异宿于边界分支的轨道,以及依指定的方式在边界分支之间振动的轨道. 进而,存在异宿于具有不同旋转数的奥布瑞 - 马瑟集的轨道,以及依指定的方式游荡于这些集合的不同

① Sigurd B Angenent. A remark on the topological entropy and invariant circles of an area preserving twistmap // Twist Mappings and Their Applications . New York:Springer-Verlag,1992:1-5.

集类之间的更复杂的轨道. 并且所有这些丰富性仅覆盖了一个可以期望的常常是在度量(一个零集)和拓扑(无处稠)意义下很稀薄的集合.

4. 典型情形的复杂性

伯克霍夫周期轨的行为有很多动力学上的限制. 例如,最大轨道不可能是椭圆的,即有一对共轭复特征值. 这样的轨道如果非退化就是双曲的,轨道上的不同点之间典型地具有异宿结. 于是,在此情况下正熵的性质导致经常出现的马蹄结构以非常特殊的形式展现.

极小极大伯克霍夫周期轨通常是椭圆的. 这里有一个广泛存在的错觉,它特别地存在于经常处理可产生扭转或类似映射的模型的科学家或工程师当中,即不考虑退化情形(二重特征值为 1),这些轨道总是椭圆的. 事实并非如此,极小极大轨道可以是双曲的,但具有负特征值,就像在“体育场”里(本章图 2 所示)弹子球运动这个著名的例子中那样[①]. 尽管如此,极小极大轨道的椭圆性仍是一个普遍的现象,例如,它出现在对可积扭转映射 $f(x,y)=(x+g(y),y)$ 的小扰动中. 椭圆周期轨典型地导致了相对稳定的岛屿,这归因于如下事实,即在这样一个轨道附近的周期映射在适当选取的坐标下成为一个扭转映射,并且实际上有围绕着这些轨道的不变曲线(想象对那个小扭转映射在不稳定区域里有什么发生,然后试着在你的想象中迭代这一图像). 因此,这些岛屿至少被排除在整体复杂性

① Katok and Hasselblatt. Introduction to the Modern Theory of Dynamical Systems. 9. 2.

的表演之外，这是因为，例如，上面所描述的由变分法构造的轨道以及异宿结，所有的这些丰富的动力行为都在岛屿之外.

5. 和平共存的不可能问题

因此，不稳定区域中一个“典型”的保面积扭转映射的轨道图景出现了. 存在椭圆周期点，它们被相对稳定的岛屿围绕着，轨道不能从那里逃脱，也存在具有同宿和异宿结的双曲周期点及以多种方式体现双曲行为的其他轨道. 上面指出的超出理解的困难的一系列问题涉及各种类型轨道的普遍性及它们被迫共存的机制. 这里有一个例子：

(1) 椭圆岛屿的并(或典型地)会是稠密的吗?

(2) 椭圆岛屿的并的余集(或典型地)会是一个零集吗?

(3) 双曲伯克霍夫周期轨的稳定流形的闭包(或典型地，或通常在自然的非退化假设下)会包含一个开集吗?

(4) 前面一条中的闭包的并(或典型地，或通常地)会是一个零测集吗?

(5) 一个 C^2 保面积扭转映射的柯尔莫哥洛夫(Kolmogorov)熵(或典型地)会是正的吗?

长方形台球桌的问题

附录 I

长方形台球桌 $ABCD$ 上有 P 与 Q 两个台球,如果使 P 依次撞着台边 DA,AB,BC 与 CD 再撞着 Q,试求 P 打出的方向,并且把 P 所走的路线画出来.

我们先回答这个问题,并研究依次撞着各边而不必限定先撞 DA 的一般情形.

解 假设问题中所求的路径是图 1 中的折线 $PEFGHQ$. 于是依据物理学上入射角等于反射角的性质,可以知 FE 必定通过 P 关于 AD 的对称点 P_1,又 FG 必定通过 P_1 关于 AB 的对称点 P_2,也就是 FG 必定通过 P 关于 A 的中心对称点 P_2. 同样 FG 也必定通过 Q 关于 C 的中心对称点 Q_2. 由于 P_2,Q_2 是定点,可以先行作出. 因此连 P_2Q_2 即可求得 F 与 G.

做法 (1)作 P 关于 AD 的对称点 P_1,再作 P_1 关于 AB 的对称点 P_2.

(2)作 Q 关于 CD 的对称点 Q_1,再作 Q_1 关于 BC 的对称点 Q_2.

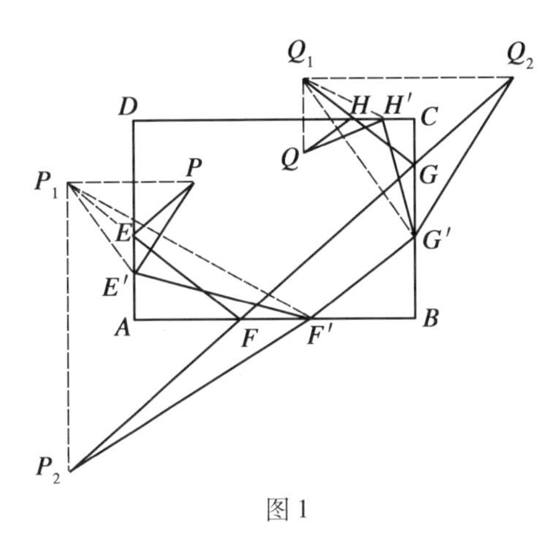

图 1

(3)连 P_2Q_2 交 AB 于 F,交 BC 于 G.

(4)连 P_1F 交 AD 于 E,再连 PE.

(5)连 Q_1G 交 CD 于 H,再连 QH 即得所求. 证明甚易,从略.

推论　假设 E',F',G',H' 分别是 DA,AB,BC,CD 上任意点,那么折线 $PEFGHQ$ 的长度就要小于折线 $PE'F'G'H'Q$ 的长度,即折线 $PEFGHQ$ 有最小的长度.

这时由对称关系得知

$$PE + EF = P_1E + EF = P_2F$$

$$QH + HG = Q_1H + HG = Q_2G$$

因此折线 $PEFGHQ$ 的长度等于 P_2Q_2. 又

$$PE' + E'F' = P_1E' + E'F' > P_1F' = P_2F'$$

$$QH' + H'G' = Q_1H' + H'G' > Q_1G' = Q_2G'$$

因此折线 $PE'F'G'H'Q$ 的长度大于 $P_2F' + F'G' + G'Q_2$,当然要大于 P_2Q_2. 这就证明了折线 $PE'F'G'H'Q$ 的长度大于折线 $PEFGHQ$ 的长度.

讨论　现在讨论本题是否有解?如果有解,有几个解?

本题有解的充分必要条件是 P_2Q_2 必定与线段 AB,BC 相交,而不是交在它们的延长线上面. 当 P 的位置一经确定,P_2 的位置也就定了. 连 P_2C 交 AB 于 R,于是 R 的位置也就确定了. 再假定 M 是 BC 的中点,就得到下面的三种情形.

(1)当 P 在$\triangle DAC$ 内(或在线段 AC 上),Q 在梯形 $ARCD$ 内,这时有一个解.

这是因为,P 与 Q_2 分别在 CP_2 的异侧,所以 P_2Q_2 与线段 AB,BC 相交,因此有一个解(图 2).

当 P 在线段 AC 上,Q 在$\triangle DAC$ 内就有一个解,因为这时梯形 $ARCD$ 变成$\triangle DAC$.

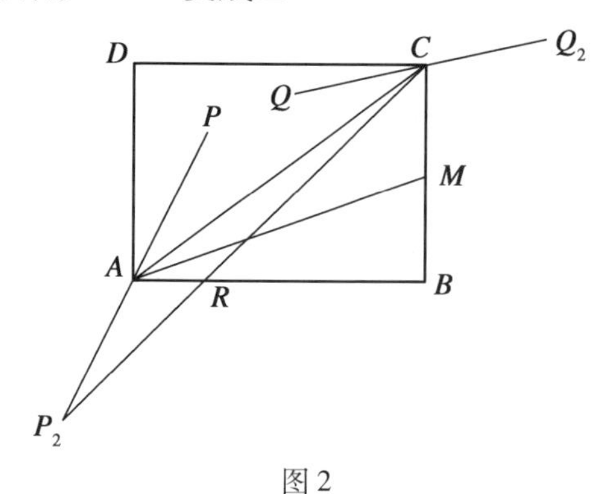

图 2

(2)当 P 在$\triangle DAC$ 内(或在线段 AC 上),Q 在$\triangle RBC$ 内,这时没有解.

这是因为 P 与 Q_2 在 CP_2 的同侧,所以 P_2Q_2 与线段 BC 的延长线相交,因此没有解(图 3).

(3)当 P 在$\triangle DAC$ 内(或在线段 AC 上),Q 在 RC 上,这时没有解.

这是因为 P_2Q_2 与 RC 重合，即 C 是 P_2Q_2 与 BC 的交点，所以没有解（图3）.

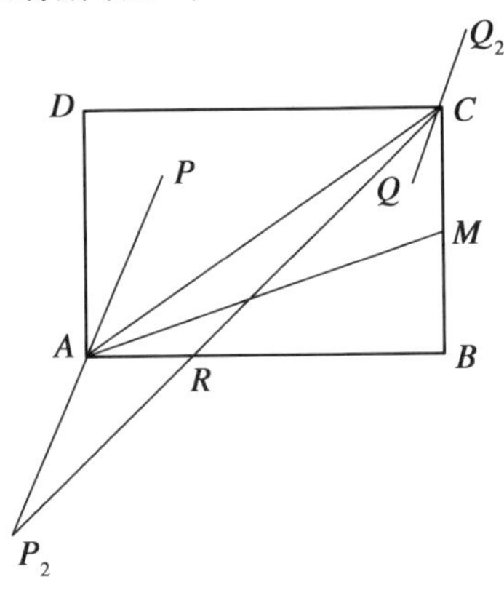

图3

如果 P 在 $\triangle ABC$ 内，就再分成下列三种情形. 这时首先连 AP 交 BC 于 N. 在 BC 的延长线上取 $CN' = NC$，再作直线 $N'T /\!/ AN$ 分别交 DC 于 S，交 DA 于 T.

（1）当 P 在 $\triangle MAC$ 内（不在周界上），Q 在 $\triangle DST$ 内（不在周界上），这时有一个解.

这是因为根据对称关系（图4），Q 与 Q_2 分别在 P_2N 的异侧，所以 P_2Q_2 与线段 AB，BC 相交，因此有一个解.

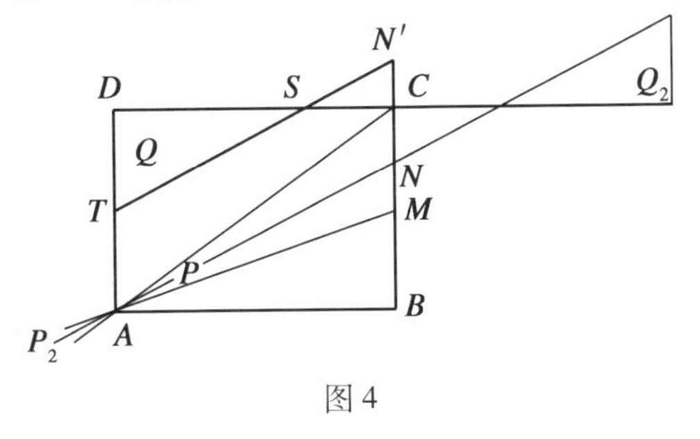

图4

（2）当 P 在 $\triangle MAC$ 内（或在周界上），Q 在五边形

$ABCST$ 内,这时没有解.

这是因为 Q 与 Q_2 同时在 P_2N 的同侧,所以 P_2Q_2 与 BA 的延长线相交,因此没有解.

(3)当 P 在$\triangle MAB$ 内(或在周界上),Q 无论在哪里都没有解.

这是因为 P_2 与 BC 上任意点的连线都不与 AB 相交,因此没有解.(图 5)

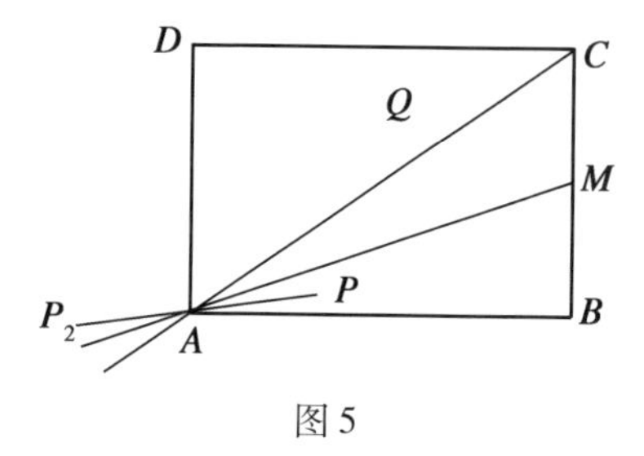

图 5

一般情形 现在研究依次撞着各边而不必限定先撞 DA 的情形. 这时一般有四个解,这四个解的全长并不相同,下面研究先撞哪一边才能得最短的路径.

(1)先撞边 AD. 先作 P 关于 A 的中心对称点 P_2,再作 Q 关于 C 的中心对称点 Q_2,然后连 P_2Q_2 交 AB,BC 于 F 及 G,因而得出 E,H 两点.(图 6)

假定 P,Q 的水平距离等于 x,P,Q 的垂直距离等于 y. 再令 $AB = l$,$BC = m$. 于是有 $Q_2S = 2l - x$,$P_2S = 2m + y$,所以

$$P_2Q_2^2 = (2l - x)^2 + (2m + y)^2 \tag{1}$$

(2)先撞边 CE. 先作 P 关于 B 的中心对称点 P_3,再作 Q 关于 D 的中心对称点 Q_3,然后连 P_3Q_3 交 AD,AB 于 G 及 F,因而得出 E,H 两点.(图 7)

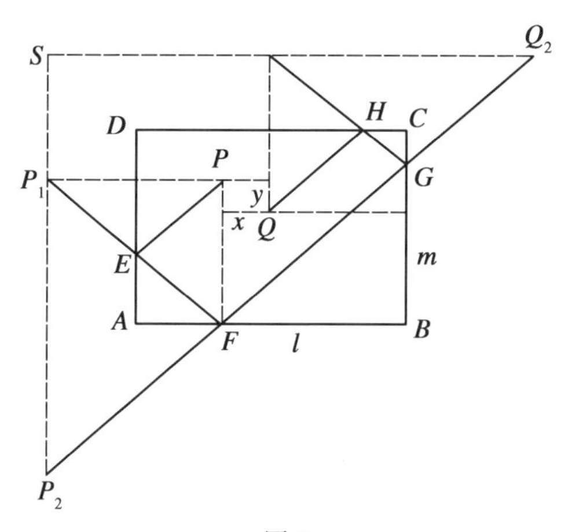

图 6

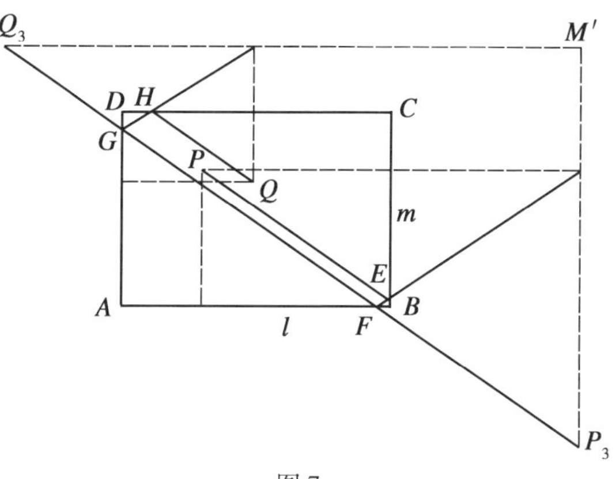

图 7

这时 $P_3M' = 2m + y$，$Q_3M' = 2l + x$，所以

$$P_3Q_3^2 = (2l + x)^2 + (2m + y)^2 \qquad (2)$$

(3) 先撞边 CD，然后按顺时针旋转方向依次与各边相撞.

先作 P 关于 C 的中心对称点 P_4，再作 Q 关于 A 的中心对称点 Q_4，然后连 P_4Q_4 交 AB，BC 于 G 及 F，因

而得出 E,H 两点.(图 8)

这时 $Q_4N''=2m-y,P_4N''=2l+x$,所以

$$P_4Q_4^2=(2l+x)^2+(2m-y)^2 \tag{3}$$

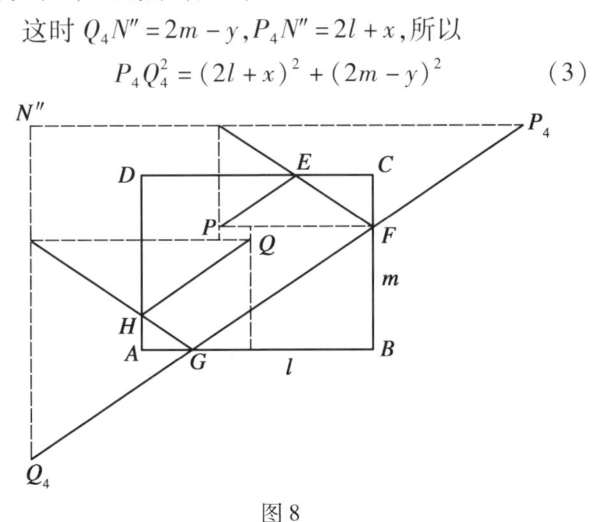

图 8

(4)先撞边 CD,然后按逆时针旋转方向依次与各边相撞.

先作 P 关于 D 的中心对称点 P_1,再作 Q 关于 B 的中心对称点 Q_1,然后连 P_1Q_1 交 AB,AD 于 G 及 F,因而得出 E,H 两点.(图 9)

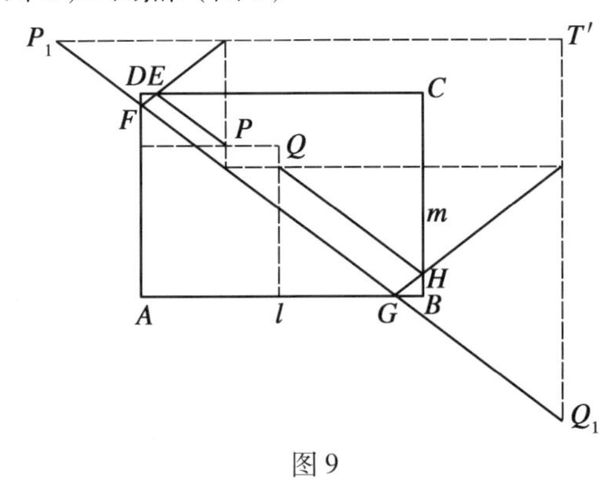

图 9

这时 $P_1T'=2l-x$，$Q_1T'=2m-y$，所以

$$P_1Q_1^2=(2l-x)^2+(2m-y)^2 \qquad (4)$$

根据上面的式(1)(2)(3)(4)，可以看出 $P_1Q_1=\sqrt{\{(2l-x)^2+(2m-y)^2\}}$ 的时候，所走路径最短. 这是第(4)种情形，这时从 P,Q 到矩形短边距离的和小于 $2l$，从 P,Q 到矩形长边距离的和小于 $2m$.

其他的情形，不是从 P,Q 到矩形短边距离的和大于 $2l$，就是从 P,Q 到矩形长边距离的和大于 $2m$.

最短路径的求法 要取怎样的方向相撞才可得最短路径可采用下法.(图9)

(1)作矩形 PQ 使各边分别与原矩形 $ABCD$ 的各边平行.

(2)取角顶 D，使矩形 DP 的边与矩形 PQ 的边无公共点. 再作 P 关于 D 的中心对称点 P_1.

(3)取角顶 B，使矩形 BQ 的边与矩形 PQ 的边无公共点. 再作 Q 关于 B 的中心对称点 Q_1.

(4)连 P_1Q_1 交 DA，AB 于 F 及 G，因而得出 E,H 两点，即可求得最短路径 $PEFGHQ$.

讨论 现在讨论 P,Q 的位置与解数的关系.

(1)如果 P,Q 与原矩形的边平行，就有 $x=0$ 或 $y=0$. 于是四个解中有两个解的全长相等，另外两个解的全长也相等.

(2)如果 P,Q 重合，就有 $x=y=0$. 这时四个解的长度都等于 $2\sqrt{l^2+m^2}$，即等于原矩形两对角线总和的两倍.

这时根据图10，有 $\angle 1=\angle PP_1E=\angle AFE=\angle 2$，

所以 $PE /\!/ FG$. 又 $\angle 3 = \angle PP_2H = \angle CGH = \angle 4$, 所以 $PH /\!/ FG$. 因此 P, E, H 在一直线上,并且 $EH /\!/ FG$. 同理, $EF /\!/ GH$.

又因为 A, C 分别是 PS, PT 的中点,所以 $AC /\!/ ST$. 即所求路径成一平行四边形,各边分别与原矩形的对角线平行,而路径的全长等于原矩形两对角线相加的总和.

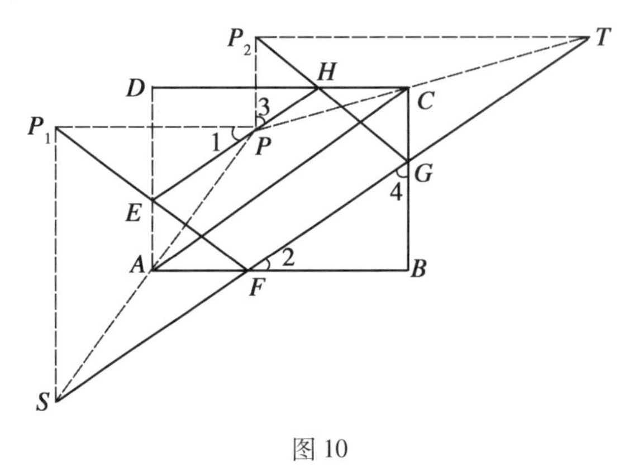

图 10

(3) 如果 P, Q 的位置加以变化,有时有四个解,也有时只有三个解、两个解、一个解或没有解.

积分几何中有关平面内的直线集合

附录 Ⅱ

一、直线集合的密度

为确定平面内一条直线 G，我们可用垂直于 G 的方向与一个固定方向所作的角 $\varphi(0\leqslant\varphi\leqslant2\pi)$ 以及直线 G 与原点 O 的距离 $p(0\leqslant p)$.（图1）坐标 p,φ 是从原点到直线的垂足的极坐标. 这样 G 的方程是

$$x\cos\varphi+y\sin\varphi-p=0 \qquad (1)$$

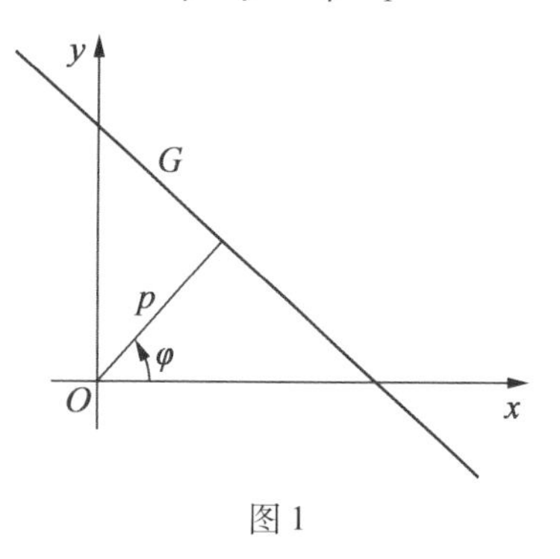

图1

一个直线集合 X 的测度可以用任意具有像

$$m(X)=\int_X f(p,\varphi)\,\mathrm{d}p\wedge\mathrm{d}\varphi \qquad (2)$$

那样的积分来确定，其中 f 必须遵照某些联系到问题性质的判别标准来确定. 在积分几何学和几何概率论里，所选的判别标准要求测度在运动群$\mathfrak{M}$下不变.

经过一个运动 u，直线(1)变成

$$x\cos(\varphi-\alpha)+y\sin(\varphi-\alpha)-(p-a\cos\varphi-b\sin\varphi)=0$$

和(1)比较，可见在运动 $u(a,b,\alpha)$下，G 的坐标 p,φ 按照

$$p'=p-a\cos\alpha-b\sin\alpha,\varphi'=\varphi=\alpha \tag{3}$$

而变换，故 $\mathrm{d}p\wedge\mathrm{d}\varphi=\mathrm{d}p'\wedge\mathrm{d}\varphi'$. 变换了的集合 $X'=uX$ 的测度是

$$\begin{aligned}m(X') &= \int_{X'} f(p',\varphi')\,\mathrm{d}p'\wedge\mathrm{d}\varphi' \\ &= \int_X f(p-a\cos\alpha-b\sin\alpha,\varphi-\alpha)\,\mathrm{d}p\wedge\mathrm{d}\varphi\end{aligned} \tag{4}$$

若对于任意集合 X，要求 $m(X)=m(X')$，则由式(2)和式(4)得 $f(p-a\cos\varphi-b\sin\varphi,\varphi-\alpha)=f(p,\varphi)$，而由于这个等式对于一切运动 u 成立，就得 $f(p,\varphi)=$ 常数，选这个常数为1，就得：直线 $G(p,\varphi)$的一个集合的测度，用微分齐式

$$\mathrm{d}G=\mathrm{d}p\wedge\mathrm{d}\varphi \tag{5}$$

在该集合上的积分来确定，这个微分齐式叫作直线集合(或线集)的密度.

除了一个常数因子外，这是在运动下不变的唯一密度. 密度(5)将总是取绝对值.

我们将给出密度(5)的一个直接应用. 设 D 为平面内具有面积 F 的一个区域，G 为和 D 相交的一条直线. 对式(5)两边乘以弦 $G\cap D$ 的长 σ，并对一切直线

G 取积分，则因子 $\sigma \mathrm{d}p$ 为 D 的面积元素. 对于任意固定的 $\varphi(0\leqslant\varphi\leqslant 2\pi)$，对 $\mathrm{d}p$ 的积分是面积 F，故

$$\int_{G\cap D\neq\varnothing}\sigma \mathrm{d}G = \pi F \tag{6}$$

若直线 G 用不同于 p,φ 的其他坐标确定，则 $\mathrm{d}G$ 的形式也不同，这些其他形式可以通过简单的坐标变换得到.

(1)若确定 G 时，用的是它和 x 轴所作的角 θ 以及它和 x 轴交点的横坐标 x(图 2)，则

$$p = x\sin\theta, \varphi = \theta - \frac{\pi}{2}$$

因而

$$\mathrm{d}G = \sin\theta \mathrm{d}x \wedge \mathrm{d}\theta \tag{7}$$

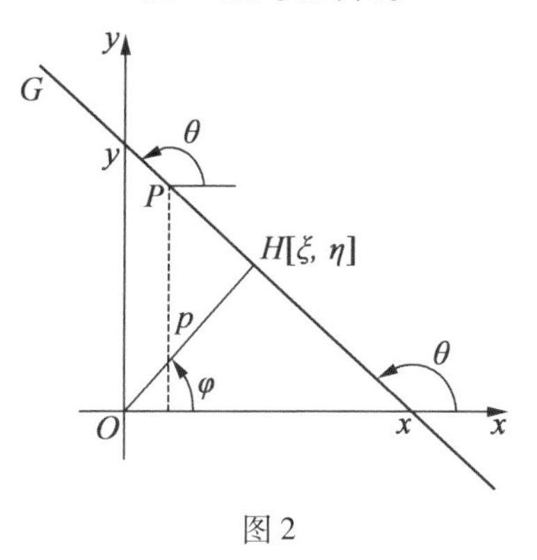

图 2

(2)若 G 用它在坐标轴上的截距确定，则

$$p = xy(x^2+y^2)^{-\frac{1}{2}}, \varphi = \arctan\frac{x}{y}$$

因而

$$\mathrm{d}G = \frac{xy}{(x^2+y^2)^{\frac{3}{2}}}\mathrm{d}x \wedge \mathrm{d}y \tag{8}$$

(3)若 G 用写成形状 $ux+vy+1=0$ 的方程中的系数 u,v 确定,则在(8)中,有

$$x=\frac{1}{u},y=-\frac{1}{v}$$

因而

$$\mathrm{d}G=\frac{\mathrm{d}u\wedge\mathrm{d}v}{(u^2+v^2)^{\frac{3}{2}}} \tag{9}$$

(4)若 G 用从原点到它的垂足的坐标 ξ,η 确定,则

$$\xi=p\cos\varphi,\eta=p\sin\varphi$$

因而

$$\mathrm{d}G=\frac{\mathrm{d}\xi\wedge\mathrm{d}\eta}{(\xi^2+\eta^2)^{\frac{1}{2}}} \tag{10}$$

(5)设 $P(x,y)$ 为 G 的一点,而 θ 为 G 和 x 轴所作的角,则有

$$p=x\sin\theta-y\cos\theta,\varphi=\theta-\frac{\pi}{2}$$

因而

$$\mathrm{d}G=\sin\theta\mathrm{d}x\wedge\mathrm{d}\theta-\cos\theta\mathrm{d}y\wedge\mathrm{d}\theta \tag{11}$$

一切这些 $\mathrm{d}G$ 的表达式都必须考虑它的绝对值,因为我们把一切密度看作是正的.

二、和凸集或曲线相交的直线

我们来求和一个有界凸集 K 相交的线集的测度.取一点 $O(O\in K)$ 为原点,而设 $p=p(\varphi)$ 为 K 相对于 O 的撑函数.应用式(5),可得

$$m(G;G\cap K\neq\varnothing)=\int_{G\cap K\neq\varnothing}\mathrm{d}p\wedge\mathrm{d}\varphi$$

$$= \int_0^{2\pi} p \mathrm{d}\varphi = L \qquad (12)$$

其中 L 为 ∂K(K 的周长)的长. 于是有:

和一个有界凸集 K 相交的线集的测度等于 K 的周长.

用几何概率的术语表达,我们就有:

设 K 为有界凸集,K_1 为包含在 K 里的凸集. 若已知随机直线 G 和 K 相交,则它和 K_1 相交的概率是 $p = \frac{L_1}{L}$,其中 L, L_1 依次为 K, K_1 的周长.

由式(12)和式(6),还可以推得一条随机直线被一个凸集 K 所截的弦长的平均值

$$E(\sigma) = \frac{\pi F}{L} \qquad (13)$$

其中 F 为 K 的面积,L 为其周长.

设 C 为平面上一条逐段可微分的曲线,具有有限长 L. 设 G 用方程

$$x = x(s), y = y(s) \qquad (14)$$

确定,其中 s 为弧长. 设 G 为和 C 相交的直线,交点为 (x, y),G 和曲线在这一点的切线作角 θ. 坐标 s, θ 确定直线 G,我们要用 s, θ 来表达 $\mathrm{d}G$. 我们有

$$\varphi = \theta + \tau - \frac{\pi}{2} \qquad (15)$$

其中 τ 是 C 的切线和 x 轴所作的角.

由于 (x, y) 是 G 的点,我们有 $p = x\cos\varphi + y\sin\varphi$,因而

$$\mathrm{d}p = \cos\varphi \mathrm{d}x + \sin\varphi \mathrm{d}y + (-x\sin\varphi + y\cos\varphi)\mathrm{d}\varphi$$

但

$$dx = \cos\ \tau ds, dy = \sin\ \tau ds$$

故

$$dp = \cos(\varphi - \tau) ds + (-x\sin\ \varphi + y\cos\ \varphi) d\varphi$$

取和 $d\varphi$ 的外积,得

$$dG = dp \wedge d\varphi = \cos(\varphi - \tau) ds \wedge d\varphi$$

而根据(15),由于 $d\varphi = d\theta + \tau' ds$,就得

$$dG = |\sin\ \theta| ds \wedge d\theta \tag{16}$$

其中用了$|\sin\ \theta|$,因为一切密度都是正的.

现在对一切和 C 相交的直线取式(16)两边的积分. 在右边我们有

$$\int_0^L ds \int_0^{\pi} |\sin\ \theta| d\theta = 2L$$

而在左边,每一条直线和 C 有多少个交点就计算多少次. 设这个数目为 n,则有

$$\int n dG = 2L \tag{17}$$

其中积分范围是平面上一切直线,对于和 C 不相交的直线,$n = 0$. 当 $n = 2$ 时,我们再次得式(12).

我们对于逐段可微分的曲线证明了式(17),但它对于任意可求长曲线都成立. 式(17)左边可以作为一个点的连续统的长的定义,叫作连续统的 Favard 长.

公式(17)可以用来度量曲线的长. 遵照斯坦因豪斯的办法,我们进行如下:在一张透明的材料上,画一族等距离的平行线 $G_i(i = 1, 2, \cdots)$. 把它铺在要量长度的曲线弧 C 上. 设 C 和 G_i 交于 n_i 个点,$s_0 = \sum n_i$ 为交点的总数. 令透明片作转角$\frac{k}{m}\pi(k = 0, 1, \cdots, m -$

1),就得 s_i 个交点,而令总和 $N=\sum_{k=0}^{m-1} s_k$. 设 a 为 G_i 和 G_{i+1}之间的距离,就得

$$\frac{N\pi a}{2m} \tag{18}$$

作为 C 的长的近似值(因为它是$\frac{1}{2}\int n\mathrm{d}G$ 的近似值). (18)的准确度与 a 和 m 有关. 当 $a\to 0, m\to\infty$ 时,(18)趋于 C 的长. Moran 估计了用这个方法产生的误差.

三、同两个凸集相交或把它们隔开的直线

设 K_1, K_2 为平面内两个有界凸集, L_1, L_2 为它们边界$\partial K_1, \partial K_2$ 的长.

$K_1\cup K_2$ 的凸包(一个点集的凸包是含该点集在内的一切凸集的交集)的边界称为 K_1 和 K_2 的外壳(Exterior cover) C_e. 根据直觉,可以认为,这个外壳用一条围绕 K_1 和 K_2 的弹性闭线来表现(图 3). 设 L_e 为 C_e 的长. 若 $K_1\cap K_2=\varnothing$,像图 3 那样, K_1 和 K_2 还有一个内壳(Interior cover) C_i,它用一条围绕 K_1 和 K_2 而在 K_1, K_2 之间的一点 O 交叉的弹性闭线来表现. 设 L_i 为 C_i 的长.

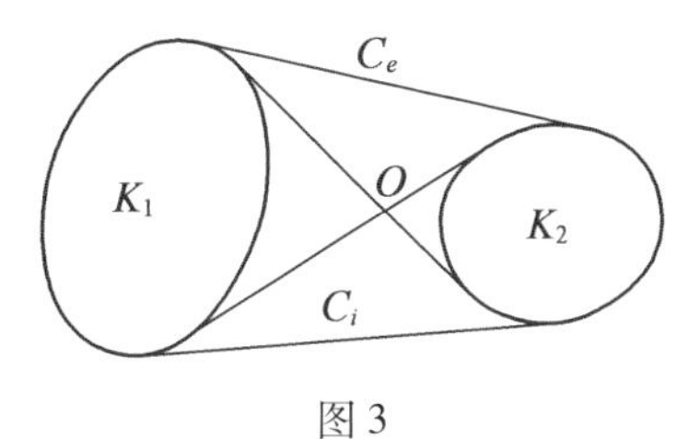

图 3

尽管$\partial K_1, \partial K_2, C_e, C_i$ 有公共弧,但我们把它们看成不同的曲线. $\partial K_1, \partial K_2, C_e$ 的撑线属于测度为零的一

个点集，除了这些之外，同 K_1 和 K_2 相交的每一条直线都同曲线∂K_1，∂K_2 和 C_e 各有两个交点，而同 C_i 有四个交点，故共有十个交点. 设 m_{10} 为这个线集的测度.

和 K_1 或 K_2 相交但和它们不同时相交的直线同曲线∂K_1，∂K_2，C_i，C_e 有六个公共点，设 m_6 为这个线集的测度. 把 K_1 和 K_2 隔开的直线同上述曲线有四个公共点（同 C_e，C_i 各有两个公共点），设 m_4 为这个线集的测度.

由于同一个凸集相交的直线的集合的测度等于它的周长，同 K_1 相交但不同 K_2 相交，或同 K_2 相交但不同 K_1 相交的直线集合的测度 m_6'，m_6''是

$$m_6' = L_1 - m_{10}, m_6'' = L_2 - m_{10} \tag{19}$$

因而

$$m_6 = L_1 + L_2 - 2m_{10} \tag{20}$$

由于 C_e 是一条闭凸线

$$m_4 + m_6 + m_{10} = L_e \tag{21}$$

而把(17)应用于四条曲线∂K_1，∂K_2，C_i，C_e 所构成的整体，又得

$$4m_4 + 6m_6 + 10m_{10} = 2(L_1 + L_2 + L_e + L_i) \tag{22}$$

由(19)～(22)，得

$$\begin{gathered} m_4 = L_i - (L_1 + L_2), m_6' = L_1 - (L_i - L_e) \\ m_6'' = L_2 - (L_i - L_e), m_{10} = L_i - L_e \end{gathered} \tag{23}$$

用文字叙述，就是：

(1)同 K_1 和 K_2 相交的一切直线的测度是 $L_i - L_e$.

(2)同 K_1 相交但不同 K_2 相交的直线集合的测度是 $L_1 - (L_i - L_e)$，同 K_2 相交但不同 K_1 相交的直线集合的测度是 $L_2 - (L_i - L_e)$.

(3)把 K_1 和 K_2 隔开的直线集合的测度是 $L_i-(L_1+L_2)$.

上面我们假定了 $K_1\cap K_2=\varnothing$. 若它们有重叠处，只需令 $L_i=L_1+L_2$,(1)～(3)诸结果仍然正确.

用几何概率的术语，这些结果可以叙述如下.

设 K_1 和 K_2 为两个有界凸集. 若 G 为在平面内随意选取，但同 K_1 和 K_2 的凸包相交的直线，则：

(1)G 同 K_1 和 K_2 相交的概率是

$$p(G\cap K_1\neq\varnothing,G\cap K_2\neq\varnothing)=\frac{L_i-L_e}{L_e}$$

(2)G 同 K_1 相交，但不同 K_2 相交的概率是

$$p(G\cap K_1\neq\varnothing,G\cap K_2=\varnothing)=1-\frac{L_i-L_1}{L_e}$$

同样

$$p(G\cap K_1=\varnothing,G\cap K_2\neq\varnothing)=1-\frac{L_i-L_2}{L_e}$$

(3)G 把 K_1 和 K_2 隔开的概率是

$$p(G\cap K_1=G\cap K_2=\varnothing,G\cap C_e\neq\varnothing)=\frac{L_i-(L_1+L_2)}{L_e}$$

若 $K_1\cap K_2\neq\varnothing$，在上面的公式中，需令 $L_i=L_1+L_2$. 若只考虑和 K_1 相交的直线，则采取类似论点，我们得到下面的结果.

若 K_1 和 K_2 为平面内两个有界凸集(不论它们是否有重叠)，则 K_1 的一条随机弦和 K_2 相交的概率是

$$p=\frac{L_i-L_e}{L_1}$$

其中，当 $K_1\cap K_2=\varnothing$ 时，L_i 为内壳长；而当 $K_1\cap K_2\neq\varnothing$ 时，$L_i=L_1+L_2$.

上面的结果是西尔维斯特(Sylvester)的工作,他还考虑了多于两个凸集的情况.关于一条可求长曲线 C 和一条随机直线的交点数的分布(即:对于每一个 k,G 和 C 有 k 个交点的概率),人们所知很少.

四、几何应用

(1)设 C 为属于 C^2 类的平面闭曲线,它是有向的,即具有指定了的走向.设 s 为 C 的弧长,$\tau(s)$ 表示 C 的切线和一个固定方向(例如 x 轴)所作的角.C 的曲率是 $k=\frac{\mathrm{d}\tau}{\mathrm{d}s}$,而绝对总曲率则用积分

$$c_a=\int_C|k|\,\mathrm{d}s=\int_C|\mathrm{d}\tau| \tag{24}$$

确定.

设 $v(\tau)$ 表示 C 的无向切线中平行于方向τ的个数(例如在图 4 中,$v=6$).由于在(24)右边的积分里每一个方向 v 出现 $v(\tau)$ 次,方程(24)可以写成

$$c_a=\int_0^{\pi}v(\tau)|\mathrm{d}\tau| \tag{25}$$

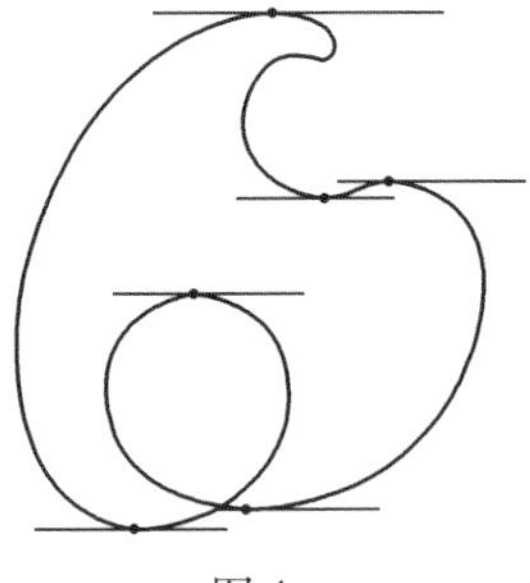

图 4

另一方面,若直线 G 平行于方向 v 而和 C 相交于 n 点 P_i,则 C 至少有 n 条平行于 G 的切线(在每个弧

$\overset{\frown}{P_1P_2}, \overset{\frown}{P_2P_3}, \cdots, \overset{\frown}{P_{n-1}P_n}, \overset{\frown}{P_nP_1}$ 上至少有一条)，因而 $n(\tau) \leqslant v(\tau)$. 利用(17)，有

$$\begin{aligned} 2L &= \int_{G\cap C\neq\varnothing} n\mathrm{d}G \leqslant \int_{G\cap C\neq\varnothing} v\mathrm{d}G \\ &= \int_{G\cap C\neq\varnothing} v\mathrm{d}p \wedge \mathrm{d}\tau \leqslant \Delta_m \int_0^{\pi} v \mid \mathrm{d}\tau \mid \\ &= \Delta_m c_a \end{aligned} \tag{26}$$

其中 L 为 C 的长，而 Δ_m 是最大幅度.

特别地，若 C 在一个半径为 r 的圆内，则 $\Delta_m \leqslant 2r$，因而有下面的 Fáry 定理：

若一条长度为 L 且全曲率为 c_a 的平面闭曲线可以含在半径为 r 的圆内，则 $L \leqslant rc_a$.

(2)设 K 为有界凸集，面积为 F，周长为 L. 又设 G, G' 为两条直线，它们和 ∂K 相交的点对应于弧长 s，s'. 用 θ, θ' 表示 G, G' 在它们同边界 ∂K 的交点和撑线所作的角，σ, σ' 为 G, G' 被 K 所截的弧长(图 5). 考虑积分

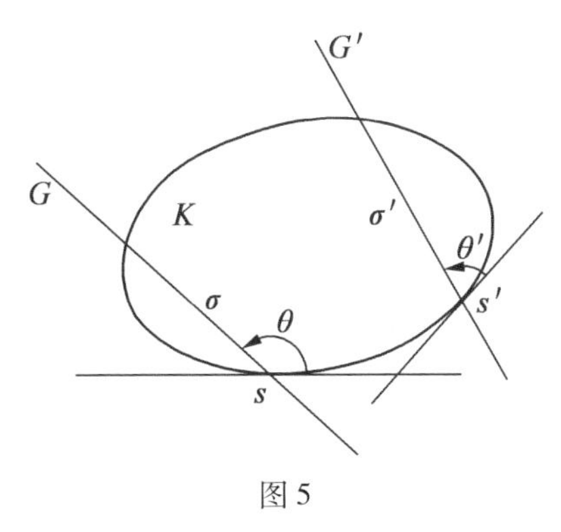

图 5

$$I = \int (\sigma \sin \theta' - \sigma' \sin \theta)^2 \mathrm{d}s \wedge \mathrm{d}\theta \wedge \mathrm{d}s' \wedge \mathrm{d}\theta' \tag{27}$$

积分范围为 $0 \leqslant s \leqslant L, 0 \leqslant s' \leqslant L, 0 \leqslant \theta, \theta' \leqslant \pi$. 按照(16),$\sin \theta \mathrm{d}s \wedge \mathrm{d}\theta = \mathrm{d}G, \sin \theta' \mathrm{d}s' \wedge \mathrm{d}\theta' = \mathrm{d}G'$. 现在

$$\int_0^{\pi} \sigma^2 \mathrm{d}\theta = 2F, \int_0^{\pi} \sin^2 \theta \mathrm{d}\theta = \frac{\pi}{2} \tag{28}$$

其中第一个积分是根据极坐标中的面积公式. 关于 G',有类似的公式,故

$$\begin{aligned} I &= 2\pi L^2 F - 2 \int_{G \cap K \neq \varnothing} \sigma \mathrm{d}G \int_{G' \cap K \neq \varnothing} \sigma' \mathrm{d}' G' \\ &= 2\pi F(L^2 - 4\pi F) \end{aligned}$$

在这里我们应用了(6),并且注意到在积分(27)中,每条线 G, G'都计算了两次,对每个和 ∂K 的交点计算一次.

但显然 $I \geqslant 0$,于是已经证明了经典的等周不等式

$$L^2 - 4\pi F \geqslant 0 \tag{29}$$

若 $I = 0$,等号成立,这时$\frac{\sigma}{\sin \theta} = \frac{\sigma'}{\sin \theta'}$,表明 K 为一个圆. 这个证明是布拉施克(Blaschke)给出的.

(3)设一条长度为 L 的曲线位于一条长度为 L_1 的闭凸线内. 若考虑一切和 C_1 相交的直线 G,这些直线和 C 的交点数的平均值为 $E(n) = \frac{2L}{L_1}$. 由于必然存在着和 C 的交点数不少于 $E(n)$ 的直线 G,就有:若一条长度为 L 的曲线位于一条长度为 L_1 的闭凸线内,则存在着和它至少交于$\frac{2L}{L_1}$点的直线.

五、注记与练习

1. 关于凸线的等周不等式的又一证明

设 C 为属于 C^1 类的一条闭凸线. 又设 A_1,A_2 为 C 与直线 $G(p,\varphi)$ 的交点, ds_1,ds_2 为 C 在 A_1,A_2 的弧元, θ_1,θ_2 为 G 与 C 在 A_1,A_2 的切线所作的角. 容易看出

$$\sigma dG=\sin\theta_1\sin\theta_2 ds_1\wedge ds_2 \tag{30}$$

其中 σ 为弦 A_1A_2 的长. 对一切和 C 相交的有向直线取积分,得

$$\begin{aligned}2\pi F &= \int_L ds_1\int_L \sin\theta_1\sin\theta_2 ds_2\\ &=\frac{1}{2}\int_L ds_1\int_L[\cos(\theta_1-\theta_2)-\\ &\quad\cos(\theta_1+\theta_2)]ds_2\end{aligned}$$

积分 $\int_L\cos(\theta_1+\theta_2)ds_2$ 等于 C 在该曲线在 A_1 的切线的射影,因而等于零. 于是有

$$4\pi F=L^2-2\int_L ds_1\int_L\sin^2\frac{1}{2}(\theta_1-\theta_2)ds_2 \tag{31}$$

这包含等周不等式 $L^2-4\pi F\geqslant 0$. 这个证明是由普莱杰尔(Pleijel)给出的.

一个更具普遍性的结果可以从公式

$$\int_{G\cap C\neq\varnothing}\sigma^n dG=\frac{n}{2}\int_L\int_L\sigma^{n-1}\cos\theta_1\cos\theta_2 ds_1\wedge ds_2$$

$$\int_{G\cap C\neq\varnothing}\sigma^n dG=\frac{1}{2}\int_L\int_L\sigma^{n-1}\sin\theta_1\sin\theta_2 ds_1\wedge ds_2$$

推得. 它们给出下面的 Ambarcumjan 公式(对于任意的 $n>0$)

$$
\begin{aligned}
&2(n+1)\int_{G\cap C\neq\varnothing}\sigma^{n}\mathrm{d}G \\
&=n\int_{L}\int_{L}\sigma^{n-1}\mathrm{d}s_{1}\wedge\mathrm{d}s_{2}- \\
&2n\int_{L}\int_{L}\sigma^{n-1}\sin^{2}\left(\frac{\theta_{1}-\theta_{2}}{2}\right)\mathrm{d}s_{1}\wedge\mathrm{d}s_{2}
\end{aligned}
$$

当 $n=1$ 时,它给出等周不等式.

由此,可以推得

$$
\int_{G\cap C\neq\varnothing}\sigma^{n}\mathrm{d}G\leqslant\frac{n}{2(n+1)}\int_{L}\int_{L}\sigma^{n-1}\mathrm{d}s_{1}\wedge\mathrm{d}s_{2}\quad(32)
$$

当 $n=1$ 时,由此即得等周不等式.

Banchoff 与 Pohl 把普莱杰尔的证明推广到非简单曲线. 那时,曲线把平面分割成若干块,每块面积附加一个权,等于其回转数,这些加权面积和取代了 F,即

$$
L^{2}-4\pi\int\omega^{2}\mathrm{d}P\geqslant 0
$$

其中积分范围是整个平面. 所谓点 P 相对于曲线的回转数(Linking number)$\omega(P)$就是当一点 X 绕曲线一周时,矢量$\overrightarrow{PX}$绕点 P 转动的周数. 当曲线为圆或绕几次的圆时,而且只在此时,等式成立. Banchoff 与 Pohl 还把这个等周不等式推广到任意维和任意余维.

2. 两条曲线的距离

设 C_1 和 C_2 为平面内两条曲线,令 $N_1(G)$,$N_2(G)$ 表示它们和一条动直线 G 的交点数,在整个平面上取积分

$$
(C_{1},C_{2})=\frac{1}{2}\int|N_{1}(G)-N_{2}(G)|\mathrm{d}G\quad(33)
$$

并把它叫作 C_1,C_2 的距离.

若 C_1 和 C_2 为可求长曲线，距离(C_1,C_2)是有穷的，因为$(C_1,C_2)\leqslant L_1+L_2$. 证明这样确定的距离满足条件：

(1)$(C_1,C_1)=0$；

(2)$(C_1,C_2)=(C_2,C_1)$；

(3)$(C_1,C_2)+(C_2,C_3)\geqslant(C_1,C_3)$.

若 C_1,C_2 为约当(Jordan)曲线(即一个线段或圆的同胚象)，则由$(C_1,C_2)=0$ 可得 $C_1\equiv C_2$. 有了这些定义之后，证明：

(1)若 C_1 和 C_2 是闭凸线，而 C_1 在 C_2 内，则$(C_1,C_2)=L_2-L_1$；

(2)若 C_1,C_2 为闭曲线，而且 C_1 在 C_2 外，则$(C_1,C_2)=L_1+L_2-2(L_i-L_e)$，其中 L_i,L_e 为 C_1,C_2 的内壳长和外壳长.

3. 凸线的非对称值

已给具有长度 L 的曲线 C，设 C^* 为 C 对于一条直线 G_0 的反射像，则距离(C,C^*)可以称为 C 对于 G_0 的非对称值. 使得非对称值(C,C^*)达到最小值的直线 G_0 叫作 C 的对称轴，而 $1-\min(C,C^*)$则称为 C 的对称指数. 这个斯坦因豪斯所给的定义可以和凸线的其他对称定义比较.

4. m 阶长度

已给一个点集 C，若交集 $G\cap C$ 含有点数 $n\leqslant m$，则令 $w_m=n$；若交点数 $n>m$，则令 $w_m=m$. 斯坦因豪斯把积分

$$L_m=\frac{1}{2}\int_{G\cap C\neq\varnothing}w_m\mathrm{d}G \tag{34}$$

称为 C 的 m 阶长度. 注意若 C 为可求长闭曲线,则 L_2 为它的凸包的边界长,而 L_∞ 为普通长.

5. 不可分隔的凸集组

已给平面内 n 个闭凸集 $K_i(i=1,2,\cdots,n)$,若有一条直线 G 不和任何 K_i 相交,而且把平面分为两个半面,其中每个含有至少一个 K_i,则这一组凸集称为可分隔的. 在相反的情况下,这一组凸集称为不可分隔的. 可以证明以下定理:设 $K_i(i=1,2,\cdots,n)$ 为一组不可分隔的凸集,而 K_0 为它们的凸包. 用 L_i,D_i,R_i 依次表示 K_i 的外接圆的周长、直径和半径,则

$$L_0 \leqslant \sum_{i=1}^{n} L_i, D_0 \leqslant \sum_{i=1}^{n} D_i, R_0 \leqslant \sum_{i=1}^{n} R_i$$

6. 经过反射和折射密度的不变性

假定直线 G 是光射线的轨道,它射到一条固定曲线 C 上而按照反射定律被反射:即反射角等于入射角. 这样,若 θ 为直线 G 与 C 的切线所作的角,则切线与反射线 G^* 所作的角是 $\theta^* = -\theta$(图 6),而利用 $\mathrm{d}G$ 的表达式(16),就有 $\mathrm{d}G = \mathrm{d}G^*$(按绝对值). 因此,经过反射,密度 $\mathrm{d}G$ 不变.

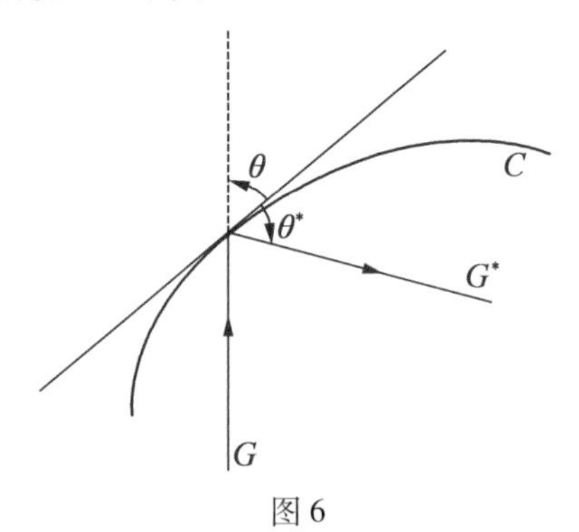

图 6

假定曲线 C 把两个介质隔开，它们的折射指数依次是 n_1 和 n_2（图 7）. 若 i_1 和 i_2 依次为入射角和折射角，则光学中经典的斯内尔（Snell）定律指出

$$\frac{\sin i_1}{\sin i_2}=\frac{n_2}{n_1}$$

另一方面，切线和入射线 G_1 所作的角是 $\theta_1=\frac{\pi}{2}-i_1$，而切线和折射线 G_2 所作的角是 $\theta_2=\frac{\pi}{2}-i_2$，因此，利用（16），就得

$$\begin{aligned}\mathrm{d}G_1&=-\cos i_1\mathrm{d}s\wedge\mathrm{d}i_1=-\mathrm{d}s\wedge\mathrm{d}(\sin i_1)\\ \mathrm{d}G_2&=-\cos i_2\mathrm{d}s\wedge\mathrm{d}i_2=-\mathrm{d}s\wedge\mathrm{d}(\sin i_2)\\ &=-\frac{n_1}{n_2}\mathrm{d}s\wedge\mathrm{d}(\sin i_1)=\frac{n_1}{n_2}\mathrm{d}G_1\end{aligned}$$

因此，当光线从折射指数为 n_1 的介质到折射指数为 n_2 的介质时，密度 $\mathrm{d}G$ 需乘以常数因子$\frac{n_1}{n_2}$.

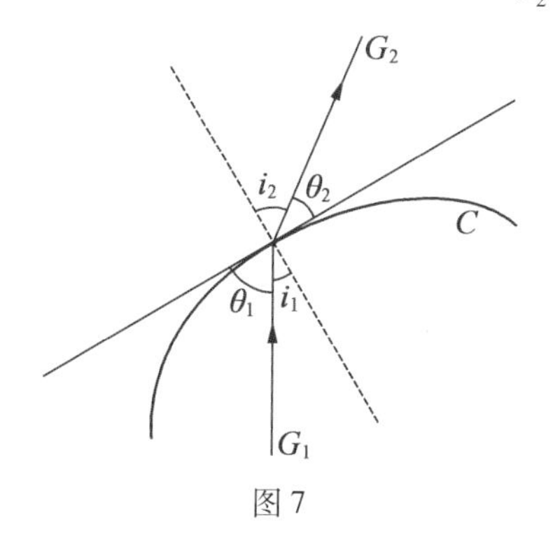

图 7

考虑一个含有几种介质的光学装置，这些介质的折射指数是 $n_1,n_2,\cdots,n_m$，但光线入射时的第一介质

和光线最后出现的介质相同,即 $n_1=n_m$. 我们有

$$\begin{aligned} \mathrm{d}G_m &= \frac{n_{m-1}}{n_m}\mathrm{d}G_{m-1} \\ &= \frac{n_{m-1}n_{m-2}}{n_m n_{m-1}}\mathrm{d}G_{m-2} \\ &= \cdots = \frac{n_{m-1}\cdot\cdots\cdot n_1}{n_m n_{m-1}\cdot\cdots\cdot n_2}\mathrm{d}G_1 = \mathrm{d}G_1 \end{aligned}$$

因此,通过光学装置传播时,光线密度不变.

7. 伯克霍夫的凸台球桌

设 C 为平面内一条闭凸曲线. 假定一点 P 在 C 的内部运动,而和 C 相撞时,按照"入射角等于反射角"的定律继续运动. P 的轨道决定于$\overset{\frown}{OA}$的长 s(O 是 C 上任意选定的点)和直线 $G\equiv AP$ 同 C 在 A 的切线所作的角 $\alpha(0\leqslant\alpha\leqslant\pi)$(图 8). 按照(16),直线的密度可以写成 $\mathrm{d}G=\sin\alpha\mathrm{d}s\wedge\mathrm{d}\alpha$,而由于这个密度经过反射不变,可知微分齐式$\sin\alpha\mathrm{d}s\wedge\mathrm{d}\alpha$在 P 的运动中不变.

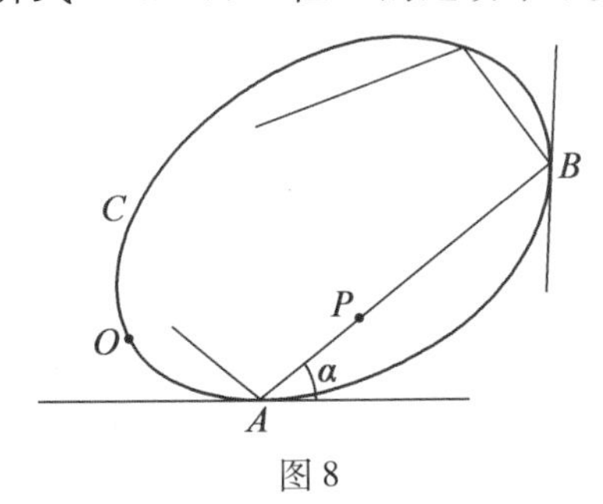

图 8

8. Feller 的一个不等式

设 D 为平面内含于幺圆内的区域,其面积等于 F. 假定任意直线和 D 的交集的测度不超过一个常数 $a(a<1)$,则必然有 $F<2a$. 这在下面意义 F 是可能的

最好结果:那就是,已给任意小的 $\varepsilon>0$,存在着一个区域,它和任意直线的交集的总长不超过 a,而它的面积 $F>2a(1-\pi^{-2}a^2-\varepsilon)$,其中 ε 的值任意小. Ueno 及其合作者和 Santalo 把这个结果推广到球体以及非欧空间. 若 D 是凸集,就有 $F\leqslant\frac{\pi a^2}{4}$,其中等号在 D 为圆时成立,而且只是这时才成立.

9. 一个积分公式

设 C 为由 m 段弧构成的闭凸曲线,它的长是 L,各段弧长分别是 $a_1,a_2,\cdots,a_m$(图 9). 设 A_1,A_2 为一条直线 G 与 C 的交点,σ 为弦 A_1A_2 的长,θ_1,θ_2 为 G 与 C 在 A_1,A_2 的撑线所作的角,则有下面的公式

$$\int_{G\cap C\neq\varnothing}\frac{\sigma}{\sin\theta_1\sin\theta_2}\mathrm{d}G=\frac{1}{2}\left(L^2-\sum_{i=1}^{m}a_i^2\right)\quad(35)$$

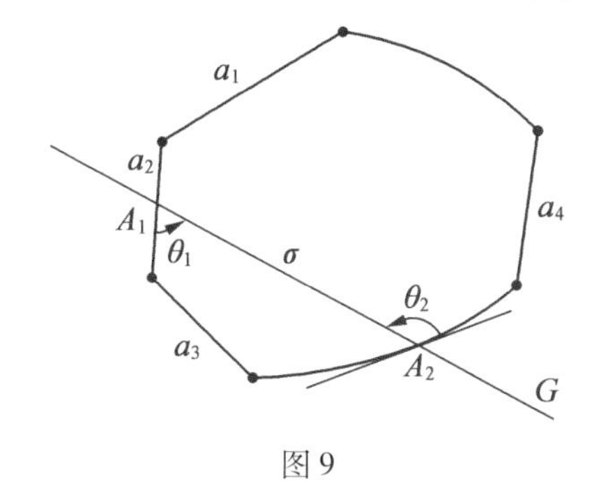

图 9

10. 平面线性图

Sulanke 考虑了下面一种问题. 一个线性图是由有限多个点(顶点)和有限多个曲线段(边,假定是可求长的)所构成,每一条边联结两个顶点,任意两边没有公共内点,而每个顶点是至少一条边的端点. 对于每一

个图 Q，规定一组实数 $P_i(Q)(i=1,2,\cdots)$，等于一条随机直线和 Q 相交于恰好 i 点的概率.

定理　一个直线图是欧拉图(这种图的特征是，存在着一条通过每条边恰好一次的运行路线，它过每个顶点，而且始点和终点相同)的一个充要条件是，对于一切奇数 i，$p_i=0$.

具有令 $p_i>0$ 的同一组自然数 $\{i_1,i_2,\cdots,i_N\}$ 的图称为同类. 提出的问题是，是否对于每一组自然数 $i_1<i_2<\cdots<i_N$，总有一个线性图. 对于 $i_N\leqslant 5$，Sulanke 解决了这个问题，但 $\{1,2,5\}$ 和 $\{1,4,5\}$ 是例外. 最近 Hristov 证明了 $\{1,2,5\}$ 这一类不存在.

设 Q 为线性图，G 为随机直线. 在 G 上取 G 和 Q 的交集 $G\cap Q$ 中的第一和最后点的线段 s_G，则 $Q+s_G$ 也是线性图. 设 c 为 Q 分隔平面时所形成的有界区域(图的面)的个数，c_G 为对于图 $Q+s_G$ 的相应数. 这样，若假定 Q 是连通的，则 c_G 的期望值是 $c-1+\dfrac{2L(Q)}{L(Q^*)}$，其中 $L(Q)$ 是 Q 的总长，而 $L(Q^*)$ 为 Q 的凸包长.

用 $N_G(Q)$ 表示一条直线 G 和 Q 的交点数，则 $m(G;N_G(Q))\neq N_G(Q')$ 表示交点数 $N_G(Q)$ 和 $N_G(Q')$ 不相等的直线 G 的集合的测度. 这时，在图空间中，$\rho(Q,Q')=m(G;N_G(Q))\neq N_G(Q')$ 确定一个度量. 可与注记 2 的距离相比较.

11. 一种平均自由路

设平面中分布了薄片，每单位面积中薄片密度是 D 个，其平均面积为 F_0，平均周长为 L_0，则通过平面的平均自由路是

$$E(\sigma)=\frac{1-F_0D}{L_0D}$$

若薄片为半径等于 r 的圆片，则

$$E(\sigma)=\frac{1-\pi r^2D}{2\pi rD}$$

而当 r 很小时，这个值可以用 $\frac{1}{2\pi rD}$ 逼近.

在空间 E_3 里，设随机地均匀分布了质点，其密度是每单位体积 D 个，质点的平均体积是 v，平均表面积是 f，则对于一个动点，平均自由路是 $E(\sigma)=\frac{4(1-vD)}{fD}$. 当质点小时，可以取 $E(\sigma)=4(fD)^{-1}$.

Polya 用下面的方式来说明平均自由路. 考虑一个树林，其中树木是随机地均匀分布的，密度是每单位面积 D 棵，树木半径是 r，则作为平面平均自由路是从树林中一点的平均可见距离. 在空间中，则平均自由路是在随机地均匀分布的，平均密度为 D 的，雪花丛中的平均可见距离. Santalo 考虑了路线属于一种已知类型的情况.

练习1 设 AB 为长度等于 L 的凸弧，L_0 为线段 AB 的长，它们构成一个凸集的边界. 证明：一条和这个凸集相交的随机直线和弦 AB 相交的概率是 $\frac{2L_0}{L+L_0}$.

练习2 若已知一条随机直线和已给正方形的一边相交，证明它也和对边相交的概率是 $p=\sqrt{2}-1$.

练习3 若已知一条随机直线和已给正方形的一条对角线相交，证明它和另一条对角线相交的概率是 $p=2-\sqrt{2}$.

练习 4　在一条长度为 L 的闭凸线 C 内，设有 m 条凸线 C_i，其长为 $L_i(i=1,2,\cdots,m)$（图 10）．证明：存在着直线，它们和 k 条 C_i 相交，而 k 等于或大于 $\frac{\sum L_i}{L}$ 的整数部分．

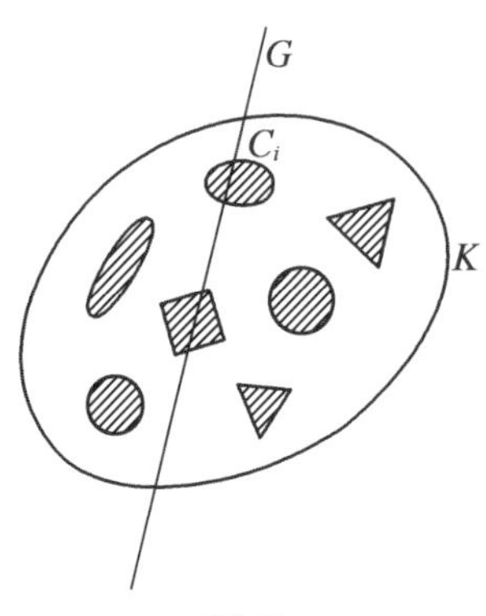

图 10

练习 5　设 K_0, K_1 为两个凸集，$K_1 \subset K_0$．和 K_0 相交的 n 条随机直线同 K_1 没有公共点的概率是 $\left(1-\frac{L_1}{L_0}\right)^n$，其中 L_0, L_1 为 K_0, K_1 的周长．较困难的是下面的问题：假定 n 条随机直线和 K_0 相交，求一个和 K_1 全等的凸集可以放在 K_0 内而不和任何所给直线相交的概率．考虑 K_1 为一条线段或圆的情况．

折射问题

附录 III

光线可以看作是一个运动的质点从一点到另一点花最少的时间所走过的路径. 它的速度(速度向量的绝对值)在问题中的空间上构成了一个给定的数量场. 这个场在每一个齐次域上是常数.

问题1 在 n 维空间中,考虑一个区域 $\mathscr{D}$. 假定 $\mathscr{D}$ 可用曲面 S 分成两个子域. 设 A 表示一个子域中的一点,B 表示另一个子域中的一点. 对于两个给定的正数 n_1 与 n_2,在 S 上找一点 M,使得表达式

$$n_1MA+n_2MB$$

(这里 MA 与 MB 是点 M 分别到点 A 与点 B 的距离)取最小值.

假设这个问题在 $\mathscr{D}$ 的内部有解. 考虑 $\mathscr{D}$ 是整个空间,而 S 是平面的情况.

解 我们用 a_i 表示 A 的坐标,用 b_i 表示 B 的坐标,用 x_i 表示在曲面 S 上要求的点 M 的坐标,x_i 满足 S 的方程

$$f(x_1,\cdots,x_n)=0$$

我们在 S 上求一点 M,使得

$$n_1 MA + n_2 MB$$

取最小值,也就是

$$n_1\left[\sum (x_i - a_i)^2\right]^{\frac{1}{2}} + n_2\left[\sum (x_i - b_i)^2\right]^{\frac{1}{2}}$$

取最小值,其中 x_i 满足

$$f(x_i) = 0$$

我们引进拉格朗日乘子 λ,并设

$$n_1\left[\sum (x_i - a_i)^2\right]^{\frac{1}{2}} + n_2\left[\sum (x_i - b_i)^2\right]^{\frac{1}{2}} + \lambda f(x_i)$$

的各个偏导数为零. 若令 $d_1 = MA, d_2 = MB$,则可求出 n 个方程

$$\frac{n_1}{d_1}(x_i - a_i) + \frac{n_2}{d_2}(x_i - b_i) + \lambda \frac{\partial f}{\partial x_i} = 0 \qquad (1)$$

其中 x_i 满足 $f(x_i) = 0$,在理论上,从这些方程中就可以确定出 $x_1, \cdots, x_n$ 及 λ. 我们指定

$$p = \left[\sum \left(\frac{\partial f}{\partial x_i}\right)^2\right]^{\frac{1}{2}}$$

若用 i_1 及 i_2 分别表示 S 在 M 处的法方向与 MA 及 MB 的夹角,则有(图 1)

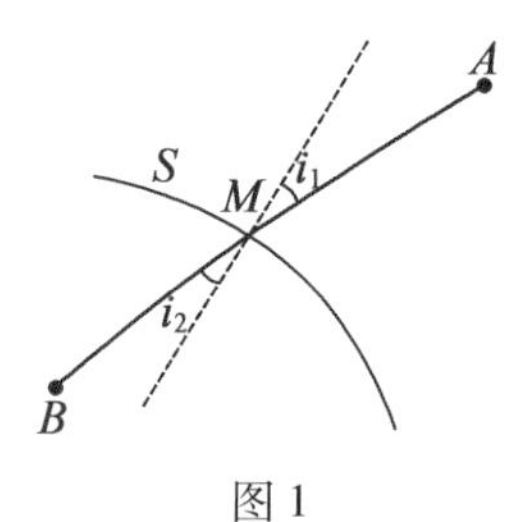

图 1

$$\cos i_1 = \frac{1}{pd_1} \sum (x_i - a_i) \frac{\partial f}{\partial x_i}$$

$$\cos i_2 = \frac{1}{pd_2} \sum (x_i - b_i) \frac{\partial f}{\partial x_i}$$

最后,我们设

$$\sum (x_i - a_i)(x_i - b_i) = h$$

利用乘数 $x_i - a_i, x_i - b_i, \frac{\partial f}{\partial x_i}$,我们可以从方程(1)推出下面三个方程

$$n_1 d_1 + \frac{n_2}{d_2} h + \lambda p d_1 \cos i_1 = 0$$

$$\frac{n_1}{d_1} h + n_2 d_2 + \lambda p d_2 \cos i_2 = 0$$

$$n_1 \cos i_1 + n_2 \cos i_2 + \lambda p = 0$$

在这三个方程中消去 h 与 λ,可得

$$n_1^2 - n_2^2 = n_1^2 \cos^2 i_1 - n_2^2 \cos^2 i_2$$

或

$$n_1^2 \sin^2 i_1 = n_2^2 \sin^2 i_2 \tag{2}$$

方程(1)表示由点 A, M, B 所确定的平面包含 S 在 M 处的法线. 方程(2)可以写为

$$n_1 \sin i_1 = \pm n_2 \sin i_2$$

为了确定这里的符号,我们将问题做如下的简化:在解的邻域内考虑一个平面,并局部地用一条直线代替 S 与这个平面的交线.

我们把这条曲线取作 x 轴. 现在来求

$$n_1 [(x - a_1)^2 + a_2^2]^{\frac{1}{2}} + n_2 [(x - b_1)^2 + b_2^2]^{\frac{1}{2}}$$

的极值(记号如图 2 所示),其中 $a_2 > 0, b_2 < 0$.

这里只有一个参数. 若设上述函数的导数等于零,则有

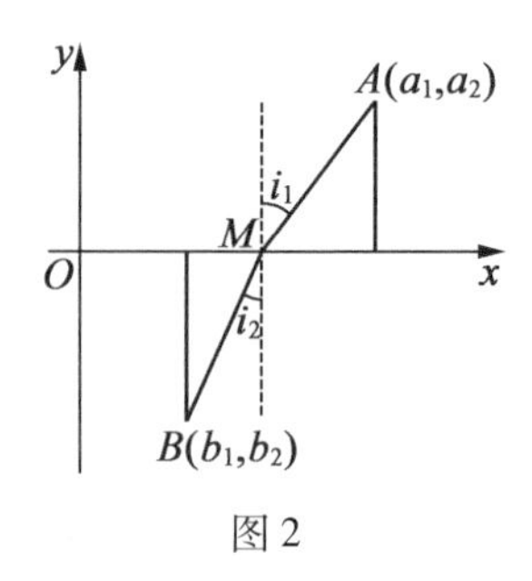

图 2

$$\frac{n_1}{d_2}(x-a_1)+\frac{n_2}{d_2}(x-b_1)=0$$

式中 $x-a_1$ 与 $x-b_1$ 的符号相反. 点 M 在线段 AB 到 x 轴的投影的内部. 当角度位于 0 与$\frac{\pi}{2}$之间时,可以明确地确定出角 i_1 与 i_2. 这时有

$$n_1\sin i_1=n_2\sin i_2$$

这就是熟知的折射定律.

问题 2 设 $\varphi(x,y,z)$ 表示在三维空间中给定的连续函数. 假定 φ 有连续的一阶偏导数. 从联结两点 A 与 B 的所有的曲线中,找出使得积分

$$\int_C\varphi(x,y,z)\,\mathrm{d}s$$

取最小值的曲线 C,这里 $\mathrm{d}s$ 表示 C 上的弧微分,并且假定所有这些曲线都具有变分法通常要求的正则性质.

写出 C 的微分方程. 研究 φ 不依赖 z 的特殊情况. 试证明:在这种情况下,C 是一条平面曲线. 考虑下述情况:φ 只依赖于 z,并且当 $z>z_1$ 时,它取常数值 n_1;当 $z<z_2$ 时,它取常数值 n_2. 这里 $z_2,z_1(z_1>z_2)$是两个给定的数.

解　现在我们来讨论三维空间的情况:光线用最少可能的时间从点 A 走到另一点 B. 但是,在非均匀各向同性的介质中,速度 V 是一个点函数. 假设这个函数是连续的. 光线通过两点所需要的时间由形如

$$\int\frac{\mathrm{d}s}{V}=\int\varphi(x,y,z)\,\mathrm{d}s$$

的积分给出,其中 $\varphi(x,y,z)$ 是变动的折射指数.

我们以这样的方式将 y 与 z 视为 x 的函数,使得上面的积分在连接两个固定点 A 与 B 的弧上求积时取最小值. 于是我们需要对函数

$$\varphi(x,y,z)(1+y'^2+z'^2)^{\frac{1}{2}}$$

建立欧拉微分方程组. 这个方程组是

$$\frac{\partial\varphi}{\partial y}(1+y'^2+z'^2)^{\frac{1}{2}}-\frac{\mathrm{d}}{\mathrm{d}x}\cdot\frac{\varphi y'}{(1+y'^2+z'^2)^{\frac{1}{2}}}=0$$

$$\frac{\partial\varphi}{\partial z}(1+y'^2+z'^2)^{\frac{1}{2}}-\frac{\mathrm{d}}{\mathrm{d}x}\cdot\frac{\varphi z'}{(1+y'^2+z'^2)^{\frac{1}{2}}}=0$$

下面我们给出这些方程的解释:我们有 $\mathrm{d}s=(1+y'^2+z'^2)^{\frac{1}{2}}\mathrm{d}x$. 以 α,β,γ 表示切线 T 的方向余弦,切线 T 的方向与光线 C 的方向一致. 我们有

$$\frac{\partial\varphi}{\partial y}=\frac{\mathrm{d}}{\mathrm{d}s}(\varphi\beta),\ \frac{\partial\varphi}{\partial z}=\frac{\mathrm{d}}{\mathrm{d}s}(\varphi\gamma)$$

类似地,如果不是把 x,而是 y 或 z 作为自变量,则有

$$\frac{\partial\varphi}{\partial x}=\frac{\mathrm{d}}{\mathrm{d}s}(\varphi\alpha)$$

通过求导,可得导数

$$\frac{\mathrm{d}\varphi}{\mathrm{d}s}=\alpha\frac{\partial\varphi}{\partial x}+\beta\frac{\partial\varphi}{\partial y}+\gamma\frac{\partial\varphi}{\partial z}$$

和$\frac{\mathrm{d}\alpha}{\mathrm{d}s}$. 根据费雷内(Frenet)公式

$$\frac{\mathrm{d}\alpha}{\mathrm{d}s}=\frac{\alpha_1}{R},\frac{\mathrm{d}\beta}{\mathrm{d}s}=\frac{\beta_1}{R},\frac{\mathrm{d}\gamma}{\mathrm{d}s}=\frac{\gamma_1}{R}$$

这里 $\alpha_1,\beta_1,\gamma_1$ 是曲线 C 主法线方向的方向余弦,R 是曲率半径. 这样一来,我们有

$$\begin{aligned}\frac{\partial\varphi}{\partial x}&=\alpha\left(\alpha\frac{\partial\varphi}{\partial x}+\beta\frac{\partial\varphi}{\partial y}+\gamma\frac{\partial\varphi}{\partial z}\right)+\varphi\frac{\alpha_1}{R}\\\frac{\partial\varphi}{\partial y}&=\beta\left(\alpha\frac{\partial\varphi}{\partial x}+\beta\frac{\partial\varphi}{\partial y}+\gamma\frac{\partial\varphi}{\partial z}\right)+\varphi\frac{\beta_1}{R}\\\frac{\partial\varphi}{\partial z}&=\gamma\left(\alpha\frac{\partial\varphi}{\partial x}+\beta\frac{\partial\varphi}{\partial y}+\gamma\frac{\partial\varphi}{\partial z}\right)+\varphi\frac{\gamma_1}{R}\end{aligned}\tag{3}$$

这个公式表示,曲线 C 在点 M 的摆动平面包含过点 M 的曲面 φ 等于常数的法线.

用 i 表示这个法线与 C 的切线之间的夹角,则有

$$p\sin i=\alpha_1\frac{\partial\varphi}{\partial x}+\beta_1\frac{\partial\varphi}{\partial y}+\gamma_1\frac{\partial\varphi}{\partial z}$$

这里

$$p=\left[\left(\frac{\partial\varphi}{\partial x}\right)^2+\left(\frac{\partial\varphi}{\partial y}\right)^2+\left(\frac{\partial\varphi}{\partial z}\right)^2\right]^{\frac{1}{2}}$$

现在由方程(3)可推出

$$p\sin i=\frac{\varphi}{R}$$

这就是非均匀介质中的折射定律.

因为 $\alpha=\frac{\mathrm{d}x}{\mathrm{d}s}$,所以 C 的微分方程变为

$$\varphi\frac{\mathrm{d}^2x}{\mathrm{d}s^2}+\frac{\partial\varphi}{\partial x}\left(\frac{\mathrm{d}x}{\mathrm{d}s}\right)^2+\frac{\partial\varphi}{\partial y}\cdot\frac{\mathrm{d}x}{\mathrm{d}s}\cdot\frac{\mathrm{d}y}{\mathrm{d}s}+\frac{\partial\varphi}{\partial z}\cdot\frac{\mathrm{d}x}{\mathrm{d}s}\cdot\frac{\mathrm{d}z}{\mathrm{d}s}=\frac{\partial\varphi}{\partial x}$$

和两个类似的方程.

引入带有角标的记号,我们把这些方程写为下述形式

$$\varphi \frac{\mathrm{d}^2 x_i}{\mathrm{d}s^2} + \sum_k \frac{\partial \varphi}{\partial x_k} \cdot \frac{\mathrm{d}x_i}{\mathrm{d}s} \cdot \frac{\mathrm{d}x_k}{\mathrm{d}s} = \frac{\partial \varphi}{\partial x_i} \tag{4}$$

这些方程与

$$\sum \left(\frac{\mathrm{d}x_i}{\mathrm{d}s}\right)^2 = 1$$

是相容的. 它们是非均匀介质中光线的微分方程.

例 假定 φ 不依赖于 z. 这时

$$\varphi x'' + \varphi' x' z' = 0$$

$$\varphi y'' + \varphi' y' z' = 0$$

$$\varphi z'' + \varphi' z'^2 = \varphi'$$

这里符号 x'…表示对 s 求导.

由前两个方程可推出

$$x'' y' - y'' x' = 0$$

所以 $y' = Kx'$,这里 K 是一个常数,从而 $y = Kx + K_1$.

轨道 C 在"竖直"平面上. 把这个平面取为 xOz 平面,在这个平面上 $y = 0$. 由此推出

$$\varphi x'' + \varphi' x' z' = 0$$

$$\varphi z'' + \varphi' z'^2 = \varphi'$$

上面的第二个方程是包含 z, z', z'' 的方程,它们都是 s 的函数. 于是第二个方程给出 x. 它还有第一积分

$$\varphi \frac{\mathrm{d}x}{\mathrm{d}s} = \mathrm{const}$$

在这种情况下,我们也可以通过直接求积分

$$\int \varphi(z)(1 + x'^2)^{\frac{1}{2}} \mathrm{d}z$$

的极值来解这个问题,式中 x' 现在表示 x 关于 z 的导数.

欧拉(Euler)方程有第一积分

$$\frac{\varphi(z)x'}{(1+x'^2)^{\frac{1}{2}}}=\mathrm{const}$$

用 i 表示轨道与 z 轴(曲线 $\varphi(z)$ 等于常数的法线)的夹角(图3),于是有 $x'=\tan i$ 或

$$\frac{x'}{(1+x'^2)^{\frac{1}{2}}}=\sin i$$

由此可得

$$\varphi(z)\sin i=\mathrm{const}$$

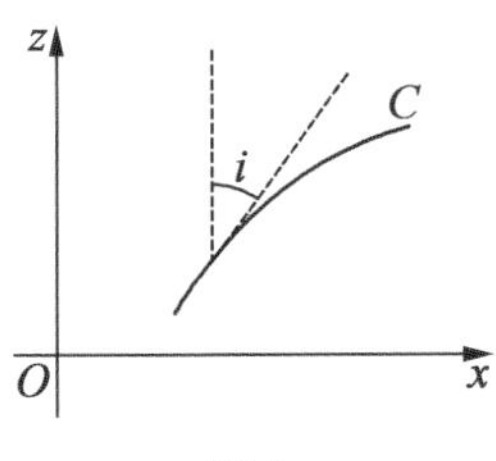

图3

假定当 $z>z_1$ 时,$\varphi(z)$ 取常数值 n_1;当 $z<z_2$ 时,$\varphi(z)$ 取常数值 n_2. 在区域 $z_2<z<z_1$ 之外,曲线 C 在局部上由直线段构成. 但是,在平面的上部分和下部分有两条不同的直线. 这两条直线分别与 z 轴构成角 i_1 与 i_2(图4),于是有

$$n_1\sin i_1=n_2\sin i_2$$

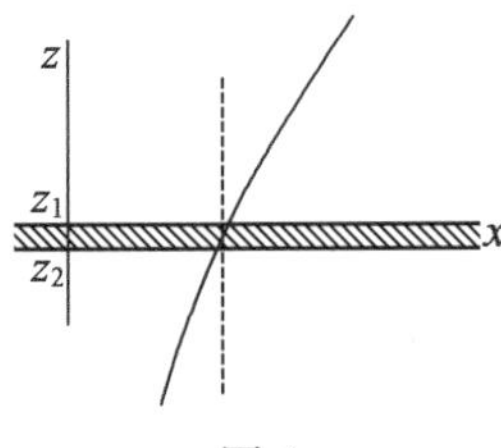

图4

我们可以假定在 $z_1 - z_2$ 趋向于零的过程中,这个结果仍然是合理的,尽管这时函数 $\varphi(z)$ 不可能是连续的,并且不可能满足关于欧拉方程所做的假设. 我们又一次找到了众所周知的折射定律,这个定律曾在问题 1 中被直接证明过.

具有尖点的极值曲线

附录Ⅳ

一般我们所讨论的变分问题都是假定极值曲线 $y=y(x)$ 是连续的且有连续转动的切线. 但在实际问题中有时会遇到除有限个点外极值曲线是充分光滑的情形,例如光的折射和反射问题,飞行器进入或离开有风区,控制系统中继电元件换向引起的轨迹转折等,都属于这种情况. 此时,在有限个点处,对应的容许函数是分段连续的,左、右导数存在但不相等. 极值曲线上的这种点称为尖点、角点或折点. 具有尖点的曲线称为折曲线或折线,也称为分段连续可微路径. 具有尖点的极值曲线称为折极值曲线.

如图 1 所示,设极值曲线只有一个尖点 $C(x_c, y_c)$,AC,CB 都是满足欧拉方程的连续光滑曲线,此时最简泛函可表示为

$$J[y(x)] = \int_{x_0}^{x_1} F(x,y,y')\mathrm{d}x =$$

$$\int_{x_0}^{x_c} F_-(x,y,y')\mathrm{d}x + \int_{x_c}^{x_1} F_+(x,y,y')\mathrm{d}x \quad (1)$$

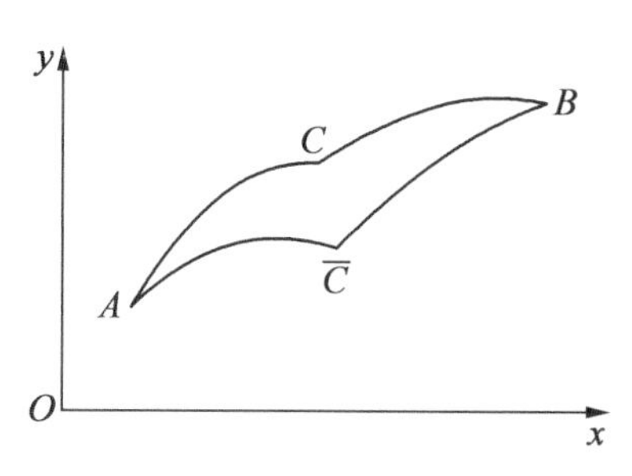

图 1　具有一个折点的曲线

式中 x_c 是折点 C 的横坐标,而折点 C 待定. 另外设

$$F(x,y,y') = \begin{cases} F_-(x,y,y') & (x_0 \leqslant x \leqslant x_c) \\ F_+(x,y,y') & (x_c \leqslant x \leqslant x_1) \end{cases} \tag{2}$$

式(1)中等号右边的两个积分均为待定边界. 可知

$$\delta J_- = \delta\int_{x_0}^{x_c} F_- \,\mathrm{d}x = \frac{\partial F_-}{\partial y'}\bigg|_{x=x_c-0}\delta y_c + \left(F_- - y'\frac{\partial F_-}{\partial y'}\right)\bigg|_{x=x_c-0}\delta x_c + \int_{x_0}^{x_c}\left[\frac{\partial F_-}{\partial y} - \frac{\mathrm{d}}{\mathrm{d}x}\left(\frac{\partial F_-}{\partial y'}\right)\right]\delta y \,\mathrm{d}x \tag{3}$$

$$\delta J_+ = \delta\int_{x_c}^{x_1} F_+ \,\mathrm{d}x = -\frac{\partial F_+}{\partial y'}\bigg|_{x=x_c+0}\delta y_c - \left(F_+ - y'\frac{\partial F_+}{\partial y'}\right)\bigg|_{x=x_c+0}\delta x_c + \int_{x_c}^{x_1}\left[\frac{\partial F_+}{\partial y} - \frac{\mathrm{d}}{\mathrm{d}x}\left(\frac{\partial F_+}{\partial y'}\right)\right]\delta y \,\mathrm{d}x \tag{4}$$

由泛函的变分取得极值的必要条件 $\delta J = \delta J_- + \delta J_+ = 0$,得

$$\begin{cases} \dfrac{\partial F_-}{\partial y} - \dfrac{\mathrm{d}}{\mathrm{d}x}\left(\dfrac{\partial F_-}{\partial y'}\right) = 0 & (x_0 \leqslant x \leqslant x_c) \\ \dfrac{\partial F_+}{\partial y} - \dfrac{\mathrm{d}}{\mathrm{d}x}\left(\dfrac{\partial F_+}{\partial y'}\right) = 0 & (x_c \leqslant x \leqslant x_2) \end{cases} \tag{5}$$

$$\left.\frac{\partial F_-}{\partial y'}\right|_{x=x_c-0}=\left.\frac{\partial F_+}{\partial y'}\right|_{x=x_c+0} \tag{6}$$

$$\left.\left(F_- - y'\frac{\partial F_-}{\partial y'}\right)\right|_{x=x_c-0}=\left.\left(F_+ - y'\frac{\partial F_+}{\partial y'}\right)\right|_{x=x_c+0} \tag{7}$$

式(6)称为埃德曼第一角点条件. 式(7)称为埃德曼第二角点条件. 式(6)和式(7)合称为魏尔斯特拉斯－埃德曼角点条件. 它们与极值曲线在点 C 的连续条件合在一起,就能确定出折点的坐标. 在尖点处满足魏尔斯特拉斯－埃德曼角点条件的极值曲线称为分段极值曲线.

根据埃德曼第一角点条件,由微分中值定理,得

$$\begin{aligned}&F_{y'}(x_c,y_c,y'(x_{c-0}))-F_{y'}(x_c,y_c,y'(x_{c+0}))\\&=[y'(x_{c-0})-y'(x_{c+0})]F_{y'y'}(x_c,y_c,p)=0\end{aligned} \tag{8}$$

式中 p 为介于 $y'(x_{c-0})$ 与 $y'(x_{c+0})$ 之间的某个值. 由于(x_c,y_c)是极值曲线的尖点,有 $y'(x_{c-0})\neq y'(x_{c+0})$,所以在尖点处,有

$$F_{y'y'}(x_c,y_c,p)=F_{y'y'}=0 \tag{9}$$

这是具有尖点的极值曲线存在的必要条件.

例 1 试求泛函 $J[y]=\int_0^2 y'^2(1-y')^2\mathrm{d}x$ 具有折点的极值曲线.

解 在此情况下,因为 $F_{y'y'}=12y'^2-12y'+2$ 可以等于零,所以极值曲线可以有折点. 又因为 $F=y'^2(1-y')^2$仅含有 y',所以泛函的极值曲线为直线 $y=c_1x+c_2$. 设折点的坐标为(x_c,y_c),由魏尔斯特拉斯－埃德曼角点条件(6)和(7)得

$$\begin{cases} 2y'(1-y')(1-2y')|_{x=x_c-0}=2y'(1-y')(1-2y')|_{x=x_c+0} \\ -y'^2(1-y')(1-3y')|_{x=x_c-0}=y'^2(1-y')(1-3y')|_{x=x_c+0} \end{cases} \quad (1)$$

当 $y'|_{x=x_c-0}=y'|_{x=x_c+0}$ 时，式(1)得到满足，但这是 $x=x_c$ 处为光滑曲线的条件，不是所要求的解. 而 $y'|_{x=x_c-0}\neq y'|_{x=x_c+0}$ 的解有两个

$$y'(x_c-0)=0, y'(x_c+0)=1 \quad (2)$$

或

$$y'(x_c-0)=1, y'(x_c+0)=0 \quad (3)$$

因此极值曲线无论在 $x=x_c$ 的哪一边都是直线. 若在折点处斜率为零，则其直线平行于 x 轴；若在折点处斜率为 1，则直线与 x 轴成 45°角. 这表明极值曲线只能由直线族 $y=c_1$ 和 $y=x+c_2$ 组成，如图 2 所示.

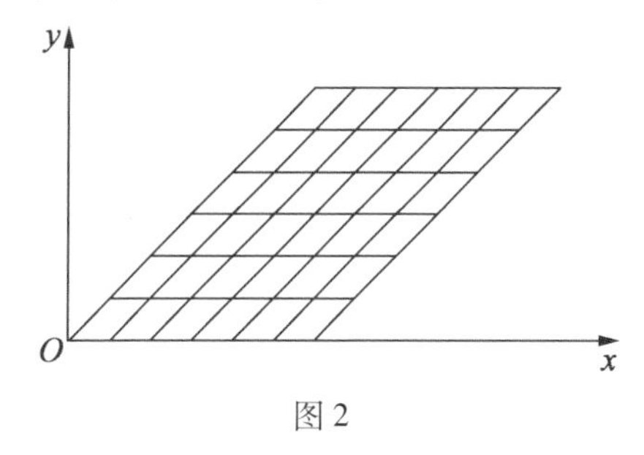

图 2

下面通过两个例题讨论两种特殊的尖点情况.

例 2　极值曲线的反射问题. 设函数 $y=y(x)$ 使泛函 $J[y]=\int_{x_0}^{x_1}F(x,y,y')\mathrm{d}x$ 达到极值，且 $y=y(x)$ 通过两个固定点 $A(x_0,y_0)$ 与 $B(x_1,y_1)$，这两个固定点在给定的曲线 $y=\varphi(x)$ 的同侧，而尖点 $C(x_c,y_c)$ 在曲线 $y=\varphi(x)$ 上，如图 3 所示. 试求入射角与反射角的关系.

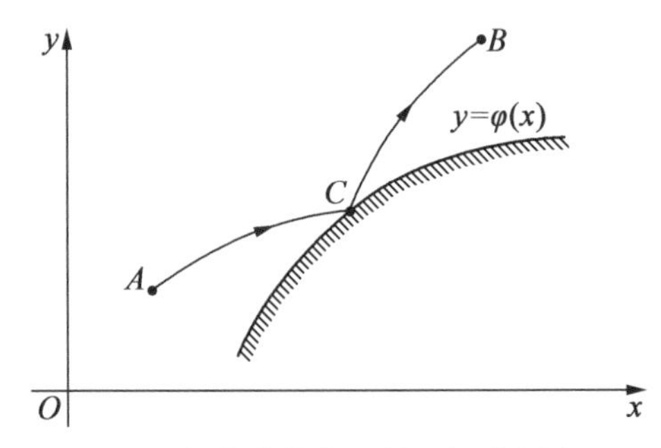

图 3　极值曲线的反射几何示意图

解　根据可动端点泛函问题的结果，可写出

$$\delta J=\delta J_{-}+\delta J_{+}=\int_{x_0}^{x_c}\left(F_{1y}-\frac{\mathrm{d}}{\mathrm{d}x}F_{1y'}\right)\delta y\mathrm{d}x+\left[F_1+(\varphi'-y')F_{1y'}\right]\Big|_{x=x_c-0}\delta x_c+\int_{x_c}^{x_1}\left(F_{2y}-\frac{\mathrm{d}}{\mathrm{d}x}F_{2y'}\right)\delta y\mathrm{d}x-\left[F_2+(\varphi'-y')F_{2y'}\right]\Big|_{x=x_c+0}\delta x_c \tag{1}$$

当 δy 与 δx_c 都是独立变分的时候，则有欧拉方程

$$\begin{cases}F_{1y}-\dfrac{\mathrm{d}}{\mathrm{d}x}F_{1y'}=0 & (x_0\leqslant x\leqslant x_c)\\ F_{2y}-\dfrac{\mathrm{d}}{\mathrm{d}x}F_{2y'}=0 & (x_c\leqslant x\leqslant x_1)\end{cases} \tag{2}$$

反射条件为

$$\left[F_1+(\varphi'-y')F_{1y'}\right]\Big|_{x=x_c-0}=\left[F_2+(\varphi'-y')F_{2y'}\right]\Big|_{x=x_c+0} \tag{3}$$

根据费马定理，可写出如下泛函

$$T=\int_{x_0}^{x_c}\frac{n(x,y)}{c}\sqrt{1+y'^2}\mathrm{d}x+\int_{x_c}^{x_1}\frac{n(x,y)}{c}\sqrt{1+y'^2}\mathrm{d}x \tag{4}$$

式中 n 为介质的折光率,c 为真空中的光速. 于是

$$F=\frac{n(x,y)}{c}\sqrt{1+y'^2} \tag{5}$$

将式(5)代入式(3),得

$$\frac{n(x,y)}{c}\left[\sqrt{1+y'^2}+\frac{(\varphi'-y')y'}{\sqrt{1+y'^2}}\right]\Bigg|_{x=x_c-0}=\frac{n(x,y)}{c}\left[\sqrt{1+y'^2}+\frac{(\varphi'-y')y'}{\sqrt{1+y'^2}}\right]\Bigg|_{x=x_c+0} \tag{6}$$

化简上式,得

$$\frac{1+\varphi'y'}{\sqrt{1+y'^2}}\Bigg|_{x=x_c-0}=\frac{1+\varphi'y'}{\sqrt{1+y'^2}}\Bigg|_{x=x_c+0} \tag{7}$$

令 α 表示曲线 $y=\varphi(x)$ 的切线与 x 轴的交角,β_1 与 β_2 分别表示在反射点 C 的两侧的极值曲线的切线与 x 轴的交角,如图 4,即

$$\varphi'(x)=\tan\alpha, y'(x_1-0)=\tan\beta_1, y'(x_1+0)=\tan\beta_2 \tag{8}$$

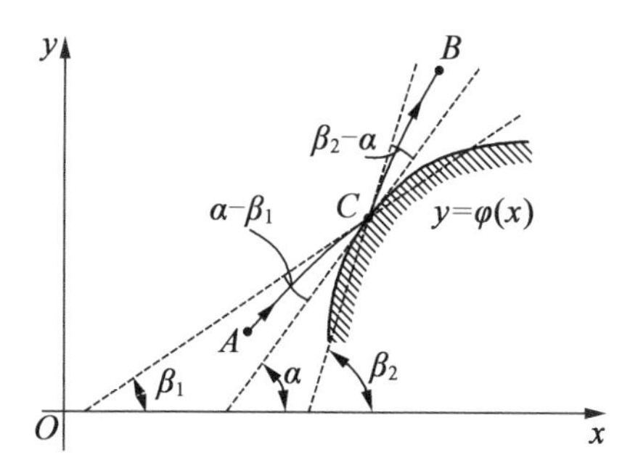

图 4 极值曲线反射角的关系

此时,在反射点 C 处,反射条件(7)化为

$$\frac{1+\tan\alpha\tan\beta_1}{\sec\beta_1}=\frac{1+\tan\alpha\tan\beta_2}{\sec\beta_2} \tag{9}$$

化简后，得

$$\cos(\alpha-\beta_1)=\cos(\alpha-\beta_2)=\cos(\beta_2-\alpha) \quad (10)$$

式(10)表明光的入射角等于反射角.

例 3 关于极值曲线的折曲线问题. 该例题与例 2 类似，只是 A,B 两点在给定曲线 $y=\varphi(x)$ 的两侧，如图 5. 试求入射角与折射角的关系.

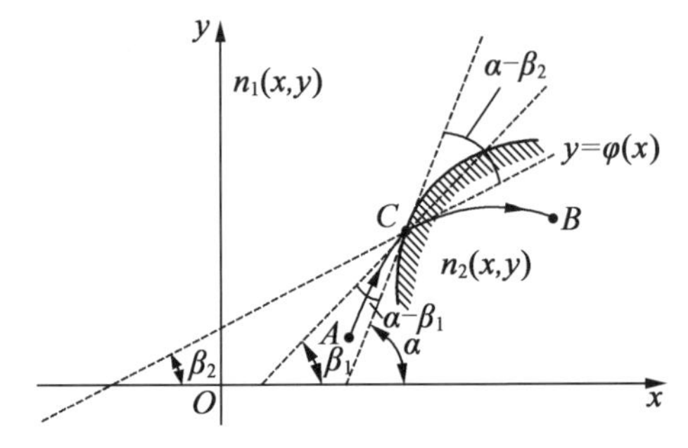

图 5 光的折射

解 利用例 2 中式(6)，得到折射条件为

$$\frac{n_1(x,y)}{c}\cdot\frac{1+\varphi'y'}{\sqrt{1+y'^2}}\bigg|_{x=x_c-0}=\frac{n_2(x,y)}{c}\cdot\frac{1+\varphi'y'}{\sqrt{1+y'^2}}\bigg|_{x=x_c+0} \quad (1)$$

令 $\varphi'(x)=\tan\alpha, y'(x_c-0)=\tan\beta_1, y'(x_c+0)=\tan\beta_2$，代入式(1)，化简并乘以 $\cos\alpha$，得

$$\frac{\cos(\alpha-\beta_1)}{\cos(\alpha-\beta_2)}=\frac{n_2(x_c,y_c)}{n_1(x_c,y_c)} \quad (2)$$

或写为

$$\frac{\sin\left[\frac{\pi}{2}-(\alpha-\beta_1)\right]}{\sin\left[\frac{\pi}{2}-(\alpha-\beta_2)\right]}=\frac{\frac{c}{n_1(x_c,y_c)}}{\frac{c}{n_2(x_c,y_c)}}=\frac{v_1(x_c,y_c)}{v_2(x_c,y_c)} \quad (3)$$

式中 v_1 与 v_2 为两个介质中的光速. 式(3)就是著名的光的折射定律:入射角的正弦与折射角的正弦之比等于在两介质中的光速之比. 该定律是 1662 年由费马提出的.

例 4　求联结点 $y(0)=1.5$ 及 $y(1.5)=0$ 的最短分段平滑曲线,它与 $\varphi(x)=-x+2$ 交于某一点.

解　曲线长度为

$$J[y]=\int_0^{1.5}\sqrt{1+y'^2}\,\mathrm{d}x \tag{1}$$

因被积函数 $F=\sqrt{1+y'^2}$ 只是 y' 的函数,故其解必为直线,即

$$y=c_1x+c_2 \tag{2}$$

已知极值曲线在 $\varphi(x)=-x+2$ 上有个角点,设角点的横坐标为 x_c,可得

$$y_1=c_1x+c_2,y_1'=c_1\quad(x\in[0,x_c]) \tag{3}$$

$$y_2=d_1x+d_2,y_1'=d_1\quad(x\in[x_c,1.5]) \tag{4}$$

根据角点反射条件,有

$$[F_1+(\varphi'-y')F_{1y'}]\big|_{x=x_c-0}=[F_2+(\varphi'-y')F_{2y'}]\big|_{x=x_c+0} \tag{5}$$

将各式代入式(5),得

$$\left[\sqrt{1+c_1^2}+(-1-c_1)-\frac{c_1}{\sqrt{1+c_1^2}}\right]\Bigg|_{x=x_c-0}=\left[\sqrt{1+d_1^2}+(-1-d_1)-\frac{d_1}{\sqrt{1+d_1^2}}\right]\Bigg|_{x=x_c+0} \tag{6}$$

化简后,得

$$\frac{1-c_1}{\sqrt{1+c_1^2}}=\frac{1-d_1}{\sqrt{1+d_1^2}} \tag{7}$$

由边界条件 $y(0)=1.5$,得 $1.5=0+c_2$,$c_2=1.5$. 由边界条件 $y(1.5)=0$,得 $0=1.5d_1+d_2$,故有

$$d_2=-1.5d_1 \tag{8}$$

将角点的约束方程 $\varphi(x_c)=-x_c+2$ 及 $c_2=1.5$ 代入式(3)和式(4),可得

$$c_1x_c+1.5=-x_c+2 \tag{9}$$

$$d_1x_c+d_2=-x_c+2 \tag{10}$$

联立求解式(7)~式(10),可得

$$c_1=-0.5, d_1=-2, d_2=3, x_c=1$$

于是,可得极值曲线为

$$y_1=-0.5x+1.5 \quad (x\in[0,x_c]) \tag{11}$$

$$y_2=-2x+3 \quad (x\in[x_c,1.5]) \tag{12}$$

极值曲线为入射角等于反射角的路线.

编辑手记

数学已经深深地介入了我们的生活.数学家用自己独特的视角在分析一切.比如麻省理工学院的两名数学家汉纳·基耶和汉克·维克赫斯特就建立了一个数学模型来分析林书豪的表现.他们据此制定了一个指标:关键时刻的投篮命中率与平均的投篮命中率之比.

本书也是用一个数学模型来介绍近代数学的某一分支及其进展的.台球自从被引入中国便深受国人喜爱.笔者曾在20世纪90年代乘船从重庆到武汉,途经一小镇,准备上岸买些闲书看,发现在如此贫穷与荒凉的长江岸边,居然在乱石堆上摆着崭新的台球桌,几个年轻人在投入地玩着.这样的群众基础可能就是"丁俊晖"赖以产生的土壤.

Minds of Modern Mathematics 是 IBM 推出的一款数学史应用软件,通过以信息图表交互的方式展现了数学史上重要的人和事,非常有趣.即便你是一个对数学深恶痛绝的人,看到这个应用也不会觉得枯燥.IBM 分析研究和数学科学总监 Chid Apte 说:"未来的职业发展程度将会很大程度上取决于创造力、独立思考、解决问题和协作能力因素."而 Minds of Modern Mathematics 正好包含了所有这些元素,并用最流行的 iPad 应用方式表达出来.

题材要重大,形式要有趣,这才是科普之道.但在某些人眼中科普书都是"闲书",据文化学者朱大可讲:汉字符码是古文化核心密码(代码)的奇妙结晶,简洁地描述自然场景、生活方式和事物逻辑,传递了古代文明的基本资讯,俨然是日常生活的生动镜像."閒"字表达休息时开门赏月的诗化意境.但这种心境现在还有吗? 悲观一点说:写书之人,读书之人都早已没有了这份"闲情逸致".但尽管如此,读点数学书还是有用的.对整个社会来讲它可以更加规范我们的语言功能,因为数学语言是世界通用的最无歧义的语言.北大前光华学院院长张维迎曾发表过一篇文章叫"语言腐败的危害",他指出:

> 有一类更为普遍,其危害性也更为严重的腐败,并没有受到足够的重视,这就是语言腐败.它最初是在英国作家乔治·奥维尔于 1946 年的一篇文章中提出来的.语言腐败严重破坏了语言的交流功能,导致人类智力的退化.人类创造语言,是为了交流,人类的所有进步都建立

在语言的这一功能上. 为了交流,语言词汇必须有普遍认可的特定含义,语言腐败意味着同一词汇在不同人的心目中有不同的含义,语言变成了文字游戏,使得人与人之间的交流变得困难.

本书的主角斯坦因豪斯是波兰著名的数学家. 以前的中学生都读过他的《100 个数学问题》《又 100 个数学问题》《数学万花镜》(Mathematical Snapshots, 1950). 最后一本被译成 14 种文字. 他曾与巴拿赫一起创办了《数学研究》杂志,两人同任主编. 他还是波兰科学院数学研究所机关刊物《数学的应用》的主编. 他已于 1972 年逝世.

英国《金融时报》专栏作家蒂姆 · 哈福德说:随着人类知识库的膨胀,一位科学家可以吸收的知识,在整个人类知识库中所占比例正迅速向零靠近. 科学家以吸收知识为主业尚且如此,我们普通人更是如此. 本书所论及的内容在数学中的测度为零,但无限积分则有望为正.

刘培杰
2017 年 4 月 12 日
于哈工大